全国电力行业"十四五"规划教材

职业教育电力技术类项目制 新形态教材

10kV
架空配电线路检修

主　编　洪　雯

副主编　鲁爱斌

编　写　刘诗涵　罗福玲　刘　翼
　　　　赵　然　罗　潇　吴　鑫

主　审　钟庭剑

中国电力出版社
CHINA ELECTRIC POWER PRESS

内 容 提 要

本书以基于工作过程的思路编排内容，共分为 9 个项目。项目一常用绳结的使用；项目二登杆；项目三 10kV 线路接地线的挂拆；项目四导线在绝缘子上的绑扎；项目五 10kV 线路直线杆附件的组装；项目六拉线的制作与安装；项目七台架跌落式熔断器的更换；项目八配电台架变压器高压引线的安装；项目九绝缘斗臂车绝缘斗的移动操作。

本书可作为高职高专院校电气类专业 10kV 架空配电线路检修实训教材，也可以作为 10kV 不停电作业职业技能等级证书（初级）考核培训教材。

图书在版编目（CIP）数据

10kV 架空配电线路检修/洪雯主编. — 北京：中国电力出版社，2024.7

ISBN 978-7-5198-8909-8

Ⅰ.①1… Ⅱ.①洪… Ⅲ.①架空线路－配电线路－检修－高等职业教育－教材 Ⅳ.①TM726

中国国家版本馆 CIP 数据核字（2024）第 099609 号

出版发行：中国电力出版社

地　　址：北京市东城区北京站西街 19 号（邮政编码 100005）

网　　址：http://www.cepp.sgcc.com.cn

责任编辑：乔　莉（010-63412535）

责任校对：黄　蓓　王小鹏

装帧设计：赵丽媛

责任印制：吴　迪

印　　刷：北京九天鸿程印刷有限责任公司印刷

版　　次：2024 年 7 月第一版

印　　次：2024 年 7 月北京第一次印刷

开　　本：787 毫米×1092 毫米　16 开本

印　　张：7

字　　数：110 千字

定　　价：35.00 元

前 言

为满足当前社会需求并结合高职院校实际情况，编写团队以电力行业标准为依据，参考 10kV 不停电作业职业技能等级证书（初级）考核标准，编写了本书。

随着社会用电量的不断增加与人民群众对供电可靠性要求的提高，普及采用不停电作业是电力建设和运行发展的必然趋势。社会对 10kV 不停电作业技能人才的需求量不断增加，但目前职业人员存在巨大缺口。此类教材的开发，将有利于提高技能型人才培养水平，向社会输送高水平的专业人员，也有利于尽快普及不停电作业知识，不断提升 10kV 不停电作业技术的发展水平。

本书有如下特点：

（1）注重职业素养的养成与提升。对接专业教学标准和职业技能等级标准，融入安全规范、精益求精等核心职业素养，帮助学习者养成严谨的科学态度，提高独立分析问题和解决问题的能力，提高团队合作能力和责任感；注重安全文明操作的重要性，将安全教育贯穿教学全过程。

（2）基于工作过程的思路编排项目。项目内容强调实践内容的设计，体现了职业教育实训课程的特色。每个项目中以项目目标为导向，从工器具材料设备、知识准备、项目步骤、任务单到考核等环节展开，在完成工作的过程中学习专业技能。实训任务结束后还安排了一些素质拓展，便于学生理论联系实践，更好地掌握电气专业知识。每个项目中在知识准备小节提供了本项目相关的知识点，便于学生在实训任务展开前自主学习。

（3）基于"双证制"的成绩评价体系。每个项目都有相应的考核要求和评分标准，并对完成效果进行量化，在考核评分标准中对训练过程进行记录，给出可操作的量化考核标准。项目内容和考核标准与 10kV 不停电作业职业技能等级证书（初级）考核标准全面接轨，构建职业技能等级证书"直通车"，实现职业教育技能型人才的培养目标。

本书编写团队由 10 名专职教师（武汉电力职业技术学院的洪雯、鲁爱斌、李国胜、刘洋、刘诗涵、罗福玲、刘翼、罗潇、赵然）和 1 名企业兼职教师（湖北既济电力集团有限公司配网不停电作业分公司吴鑫）组成。由洪雯任主编，鲁爱斌任副主编，教学视频中技术动作的示范演示由洪雯、刘诗涵完成。

本书由江西电力职业技术学院钟庭剑主审，并提出了宝贵的意见和建议，在此深表感谢。本书在编写过程中，还得到了同行们的帮助和支持，在此一并表示诚挚的谢意。

限于编者水平，书中不足之处在所难免，敬请读者不吝赐教。编者联系邮箱：775905913@qq.com。

编　者

2024 年 5 月

目　录

项目一

常用绳结的使用

一、项目目标

了解带电作业工器具传递常用的绳结打法，并会使用不同的绳结进行工器具传递，以实现在杆上作业等登高作业中通过编制绳结进行上下传递工器具。

二、工器具、材料准备

（1）工器具：剪刀。

（2）材料：长度为 2m、直径为 12mm 的尼龙编织绳若干。

三、知识准备

（一）施工的安全要求

（1）现场设置安全围栏和标示牌。

（2）全程使用劳动防护用品。

（3）操作过程中，确保人身与设备安全。

（二）安全帽概述

安全帽是用来防护高空落物，减轻头部冲击伤害的防护用具。凡有可能会发生物体坠落的工作场所，或有可能发生头部碰撞、劳动者自身有坠落危险的场所，都要求正确佩戴安全帽。安全帽是电气作业人员的必备用品，其外形如图 1-1 所示。

图 1-1　安全帽外形

1. 佩戴安全帽的意义

在电力建设施工现场，工人们所佩戴的安全帽主要是为了保护头部不受伤害。它可以在以下几种情况下保护人的头部不受伤害或降低头部伤害的程度。

（1）飞来或坠落下来的物体击向头部时。

（2）当作业人员从 2m 及以上的高处坠落下来时。

（3）当头部有可能触电时。

（4）在低矮的部位行走或作业，头部有可能碰撞到尖锐、坚硬的物体时。

2. 安全帽的结构

安全帽由帽箍、吸汗带、缓冲垫、下颏带和调节器等组成，结构如图 1-2 所示。帽壳呈半球形，坚固、光滑并有一定弹性，打击物的冲击和穿刺动能主要由帽壳承受。

帽壳和缓冲垫之间留有一定空间，可缓冲、分散瞬时冲击力，从而避免或减轻对头部的直接伤害。

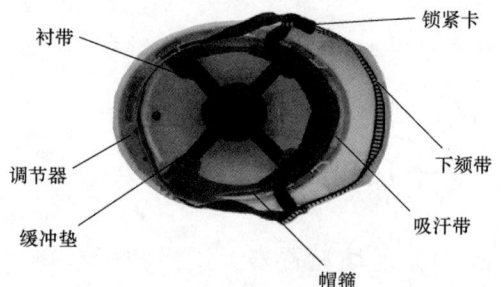

图 1-2　安全帽结构

3. 佩戴安全帽的注意事项

安全帽的佩戴要符合标准，使用要符合规定。如果佩戴和使用不正确，就起不到充分的防护作用。

一般应注意下列事项：

（1）无安全帽一律不准进入施工现场。使用之前应检查安全帽的外观是否有裂纹、碰伤痕迹、凸凹不平、磨损，帽衬是否完整，帽衬的结构是否处于正常状态，安全帽上如存在影响其性能的明显缺陷就要及时报废，以免影响防护作用。

（2）新领的安全帽，首先检查是否有劳动部门允许生产的证明及产品合格证（见图 1-3），再看是否破损、薄厚不均，缓冲层、调整带和弹性带是否齐全有效。不符合规定要求的安全帽要立即调换。

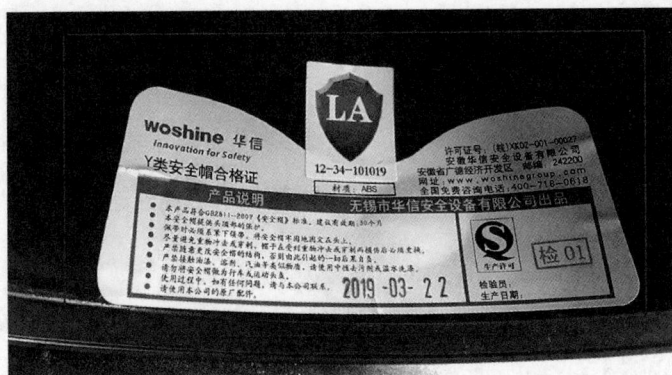

图 1-3　安全帽合格证

（3）佩戴安全帽前，应将帽后调整带按自己头型调整到适合的位置，然后将帽内弹性带系牢。缓冲垫的松紧由带子调节，人的头顶和帽体内顶部的空间垂直距离一般在 25～50mm 之间，一般不小于 32mm 较为合适。这样才能保证当安全帽遭受到冲击时，帽体有足够的空间可供缓冲，同时也有利于头和帽体间的通风。

（4）安全帽的下颚带必须扣在颌下，并系牢，松紧要适度。这样不至于被大风吹掉，或者是被其他障碍物碰掉，或者由于头的前后摆动，使安全帽脱落。

（5）不能把安全帽歪戴，也不能把帽檐戴在脑后方。否则，会降低安全帽对于冲击的防护作用。

（6）严禁使用只有下颏带与帽壳连接的安全帽，也就是帽内无缓冲层的安全帽。不能随意调节帽衬的尺寸，不能随意在安全帽内拆卸或添加附件，以免影响其原有的防护性能。另外，安全帽体顶部除了在帽体内部安装了帽衬，有时还会开小孔通风。但在使用时不得为了透气而随便再开孔，因为这样做将会使帽体的强度降低。

（7）施工人员在现场作业中，不得将安全帽脱下，搁置一旁，或当坐垫使用。在现场室内作业也要戴安全帽，特别是在室内带电作业时，更要认真戴好安全帽，因为安全帽不但可以防碰撞，而且还能起到绝缘作用。

（8）经受过一次冲击或做过试验的安全帽应报废，不能再次使用。

4. 安全帽的保管与存放

（1）应置于通风良好、清洁干燥、避免阳光直晒和腐蚀、有害物质的场所保存。

（2）安全帽应帽口朝下，帽檐朝前摆放。

（3）安全帽不能在有酸、碱或化学试剂污染的环境中存放，不能放置在高温、日晒或潮湿的场所中，以免其老化变质。应保持整洁，不能接触火源，不要任意涂刷油漆，不准当凳子坐，防止丢失。

（4）应注意在有效期内使用安全帽，植物枝条编织的安全帽有效期为2年，塑料安全帽的有效期限为 2.5 年，玻璃钢（包括维纶钢）和胶质安全帽的有效期限为 3.5 年，超过有效期的安全帽应报废。

四、项目步骤

绳结也称绳扣，是配电网带电作业、配电线路安装施工、维护检修工作中完成捆、绑、拴、结等基本操作的必备技能之一。

在架空配电线路带电作业中，常用绳结主要有平结、紧线结、活结、猪蹄结（梯形结）、抬结、拴马结、瓶结、倒结、背结、倒背结等。下面具体介绍这些绳结的作用和制作过程。

（一）平结

平结也被称为接绳结和十字结，适用于荷载较轻的白棕绳。平结具有能自紧、易解开的特点，其外形如图 1-4 所示。

图 1-4　平结外形

1. 作用

平结可用于导线终端提升、收紧及绳索间的连接。由于平结可用两根粗细相同的麻绳和棕绳，因此平结也叫接绳结。

2. 操作步骤

（1）将绳头回头用左手握住，右手握住另一绳头从下向上穿过左手绳环，如图 1-5 所示。

（2）绳头穿过后，按图 1-6 所示箭头方向，将穿过的绳头从左手上面由外向里绕 1 圈。

（3）将绳头穿入图 1-7 中箭头所示的绳圈中，双手分别握住两端的绳头，收紧并整理好，结束平结的制作。

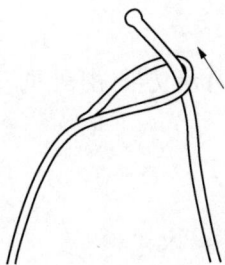

图 1-5　平结操作步骤 1　　　　图 1-6　平结操作步骤 2　　　　图 1-7　平结操作步骤 3

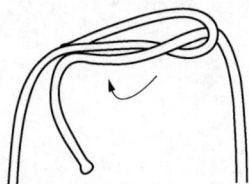

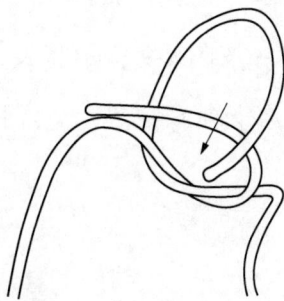

3. 工艺要求

（1）严格按操作步骤进行。

（2）绳结的每个部位必须收紧。

（3）使用时，尽可能地将平结（或直结）的两个短绳头放在同一边，以保证绳索使用过程中受力合理。

（二）紧线结

紧线结具有能自紧、结接牢靠、易解开的特点。紧线结的外形如图1-8所示。

图1-8　紧线结外形

1. 作用

紧线结可在紧线时用来绑结牵引导线，也可用作绳索间的连接和电杆上、下进行索具（如千斤套）的传递。

2. 操作步骤

（1）首先，将绳子一头折回，将绳头回头用左手握住；然后，右手把白棕绳从左手绳环按图1-9所示箭头方向内由下向上穿出。

（2）绳头穿过后，再将穿过的绳头从左手上面按照图1-10所示方向由外向里绕1圈。

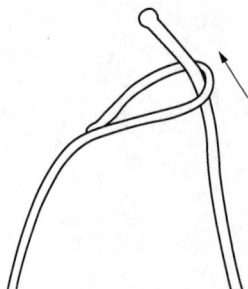

图1-9　紧线结操作步骤1　　　图1-10　紧线结操作步骤2

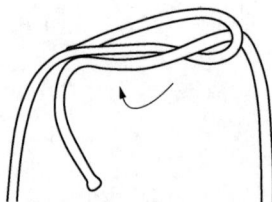

（3）再将绳头按图1-11中箭头指示方向进行穿插，收紧绳结，完成紧线结制作。

（4）当绳索牵引力量较大时，可将绳头在白棕绳上多绕几圈，这样可得到加强型紧线结，如图1-12所示，收紧后可以提高绳索间的连接强度。

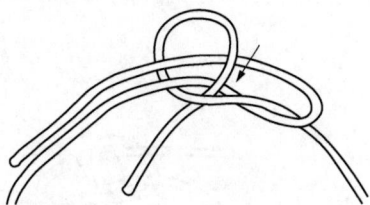

图1-11　紧线结操作步骤3

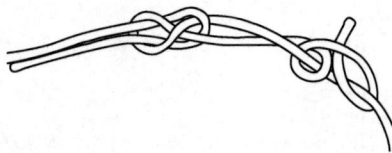

图1-12　加强型紧线结

3. 工艺要求

（1）严格按操作步骤进行。

（2）每道绳结必须分别收紧。

（三）活结

活结的用途与平结基本相同，主要用于需要迅速解开或绳结解扣不方便的情况。活结的外形如图1-13所示。

活结的制作方法和工艺要求与平结大致相同，只是在活结的制作时，按平结的要领完成绳头的穿插后，将用于自解的绳头从绳圈中回头后抽出即可。具体步骤如下：

（1）首先，将绳子一头折回，将绳头回头用左手握住；然后，右手把白棕绳从左手绳环按图1-14所示箭头方向内由下向上穿出。

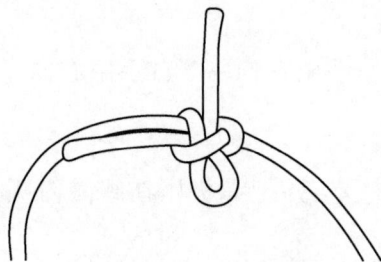

图1-13　活结外形

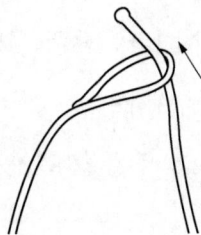

图1-14　活结操作步骤1

（2）绳头穿过后，再将穿过的绳头按照图1-15所示方向，从左手上面由外向里绕1圈。

（3）将该绳头折回，如图 1-16 箭头所示。

（4）按图 1-17 中箭头指示方向，将绳头折回部分穿插进图示的绳孔里，收紧绳结，制作完成。

图 1-15　活结操作步骤 2　　　图 1-16　活结操作步骤 3　　　图 1-17　活结操作步骤 4

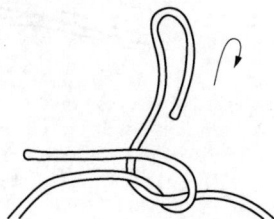

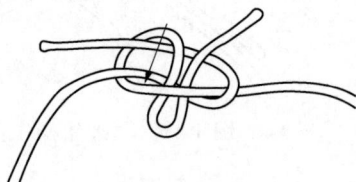

（四）猪蹄结（梯形结）

猪蹄结也叫梯形结或梯形扣，猪蹄结具有操作简单、易扎紧、易解开的特点，其外形如图 1-18 所示。

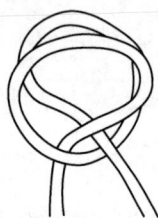

图 1-18　猪蹄结外形

1. 作用

猪蹄结通常可用于临时拉线，在抱杆顶部等处绑扎固定；也可以与倒结组合垂吊细长杆件，还可用于起吊较小的荷重（如针式绝缘子、螺栓等）。

2. 操作步骤

（1）如图 1-19 所示，双手同时握住绳子，左手由左向右、右手由右向左同时转动，分别拧成两个绳圈。

（2）将左、右手绳圈箭头方向同时向中间交叉，并把绳头压在绳圈内侧，如图 1-20 所示。

（3）使用时，将所需捆绑物体放入绳圈内，按图 1-21 所示箭头方向收紧两绳头即可。

（4）捆绑棍状物体后的猪蹄结，如图 1-22 所示。

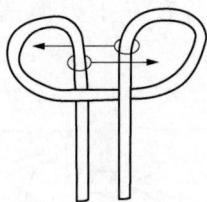

图 1-19　猪蹄结操作步骤 1

图 1-20　猪蹄结操作步骤 2

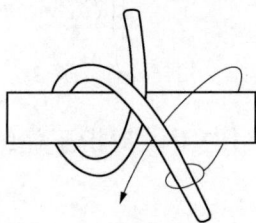

图 1-21　猪蹄结使用示例 1

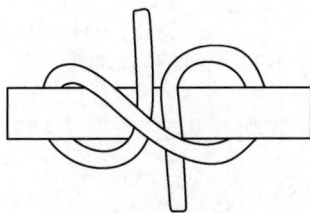

图 1-22　猪蹄结使用示例 2

3. 工艺要求

（1）严格按操作步骤进行。

（2）应将两绳头压在绳圈内，使用时必须将两侧绳头分别收紧。

（五）抬结

抬结也称抬杠结，具有能够自紧、易调整、易解开的特点。

1. 作用

抬结主要用于麻绳索和白棕绳进行重物的抬运；在工程中，使用木杠抬重物时，可用白棕绳兜起重物后，打抬结直接套在木杠上，再抬起重物，其外形如图 1-23 所示。

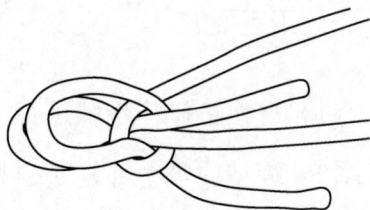

图 1-23　抬结外形图

2. 操作步骤

（1）用左手将绳头的一端折回握住，如图 1-24 所示。

（2）然后，将白棕绳套在重物上（练习时可用脚踩在绳子中间），右手拿绳另一端，使左右手举起至平胸的位置，右手拿绳，由内向外在左手大拇指上绕 1 圈或 2 圈，如图 1-25 所示。

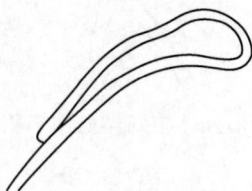

图 1-24　抬结操作步骤 1

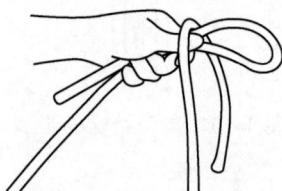

图 1-25　抬结操作步骤 2

（3）右手拿绳，再在左手大拇指下面绕 1 圈，并用左手大拇指压住绕过的绳圈，如图 1-26 所示。

（4）右手握左手先前绳头的回头绳圈，左手顺手将下面绳圈从大拇指上方绳圈中拉出，如图 1-27 所示。

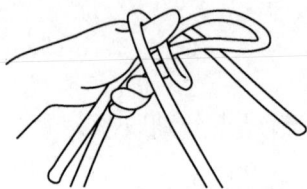

图 1-26　抬结操作步骤 3

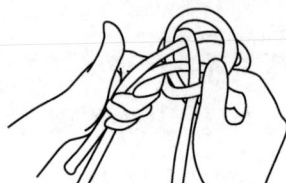

图 1-27　抬结操作步骤 4

（5）左右手握住绳圈并调整两个绳圈的大小使其一致，将绳结收紧，穿入扁担或木杠即可抬起物体。

3. 工艺要求

（1）严格按操作步骤进行。

（2）绳结的每个部位必须收紧。

（3）应根据使用者的身高（一般以自己的胸部高度为宜）确定抬结的高度位置。

（4）穿扁担的两个绳圈必须调为一致，同时，应使两个绳头的位置分别放置。

（六）拴马结

拴马结适用于麻绳、白棕绳，具有自紧、易解开、拴结牢固的特点。如图 1-28 所示为活结形式（即能自解）拴马结。

1. 作用

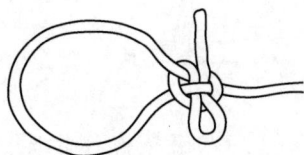

图 1-28　拴马结外形

拴马结用于导线在挂线过程中的垂直提升，它可使导线在绳结中自由滑动，还可用于拖拉设备、绑扎临时拉线用，在杆上、杆下人员进行工器具传递时，也常用到拴马结。在古代，捕快经常用这种方法将马系在木桩上，这样马本身无法挣脱缰绳，而且会越拉越紧，一旦有紧急情况，一拉即可立即解开拴马结的绳扣，十分方便，这也是拴马结名字的由来。

2. 操作步骤

（1）将白棕绳绕一适当大小的绳圈作为副绳，绳头在下方。用左手握住副绳的绳圈，右手握住主绳，并将主绳的一段折回，如图 1-29 所示。

（2）将主绳的一段折回部分，自下而上穿出副绳的绳圈，如图 1-30 所示，同时适当收紧绳圈。

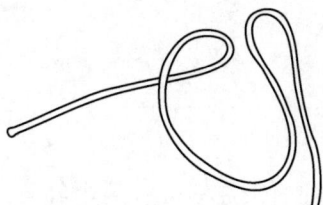

图 1-29　拴马结操作步骤 1

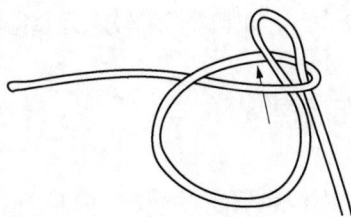

图 1-30　拴马结操作步骤 2

（3）右手握住绳圈，左手将副绳的绳头折回，如图 1-31 所示。

（4）左手将副绳的绳头折回部分按照箭头方向穿入主绳的绳圈里，如图 1-32 所示，左手握住副绳的绳头，右手握住绳圈及绳头，双手相互收紧，拴马结制作完成。

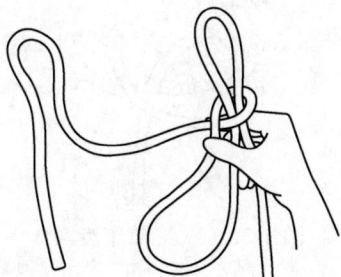

图 1-31　拴马结操作步骤 3

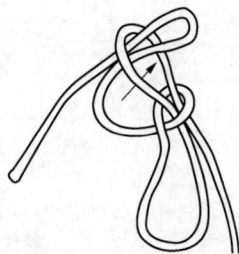

图 1-32　拴马结操作步骤 4

3. 工艺要求

（1）严格按操作步骤进行。

（2）绳结的每个部位必须收紧。

（3）绳头穿圈时，应使绳头处于主绳和副绳的中间。

（七）瓶结

瓶结主要用麻绳、白棕绳制作，瓶结较结实可靠，具有越拉越紧、易解开的特点，其外形如图1-33所示。

1. 作用

瓶结适用于拴绑起吊圆柱形物体（如起吊瓷套管、针式绝缘子等物体），物件吊起后不易摆动，在杆上、杆下人员传递圆柱形工器具、材料时有较广泛的应用。

图1-33 瓶结外形

2. 操作过程

（1）如图1-34所示，取一白棕绳，分别同向且同侧绕左、右两个绳圈，先将左圈平移到右圈位置。

（2）然后，按图1-35中箭头的指向，将左圈从右圈中拉出形成中圈，并将中圈压在左圈上。

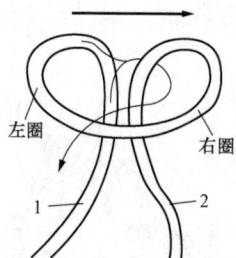

图1-34 瓶结操作步骤1
1——根绳子的头；2——根绳子的尾

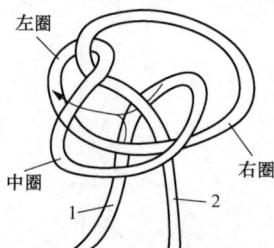

图1-35 瓶结操作步骤2
1——根绳子的头；2——根绳子的尾

（3）适当调整中圈的大小，穿过中圈、左圈，将绳头一侧白棕绳从图1-36中箭头所示处拉出，形成内圈。

（4）将内圈压在中圈上，按照图1-37所示方向拉紧绳圈，完成瓶结制作。

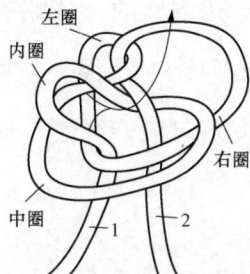

图1-36　瓶结操作步骤3

1——根绳子的头；2——根绳子的尾

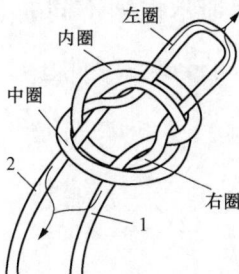

图1-37　瓶结操作步骤4

1——根绳子的头；2——根绳子的尾

3. 工艺要求

（1）瓶结制作相对复杂，要严格按上述操作步骤分清每次应操作的绳圈及位置。

（2）制作时的每个部位仍须收紧。

（3）瓶结使用时，可将吊绳系于拉出的左绳圈上，绳头1、2作为地面人员辅助控制；若用单绳（绳头1或绳头2侧白棕绳）时，为防意外，可将拉出的左绳圈继续在内绳圈上压一道，应使绳头处于主绳和副绳的中间。

（八）倒结

倒结也叫拴柱结，具有操作简洁、灵活、结锁牢固、不易解开的特点，其外形如图1-38所示。

1. 作用

倒结通常在工程中临时晃绳封桩时用，适用麻绳、白棕绳及钢丝绳。倒结在工程中的典型应用如图1-39所示。

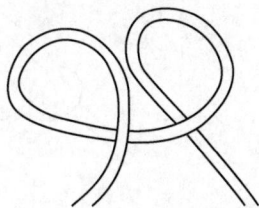

图1-38　倒结外形

图1-39　倒结在工程中的典型应用

2. 操作步骤

倒结的应用通常根据不同的条件、不同的对象，其倒结的方式略有不同，但打结的方法却是一样的。取一白棕绳，按图 1-40 中箭头方向绕一个绳圈，再将压在下方的副绳继续按图 1-40 中箭头方向绕一绳圈，即可完成倒结的编制。

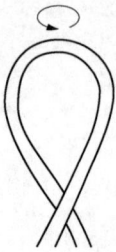

图 1-40　倒结操作步骤

3. 工艺要求

（1）严格按操作步骤进行。

（2）每个倒结的方向必须一致。

（九）背结

背结也叫木工结，适用麻绳、白棕绳，具有制作简单、能自紧、易解开的特点，其外形如图 1-41 所示。

1. 作用

在杆上高空作业时，用白棕绳在杆上、杆下捆绑传递工具、材料；同时，也可用于立杆晃绳的绑定，其典型应用如图 1-42 所示。

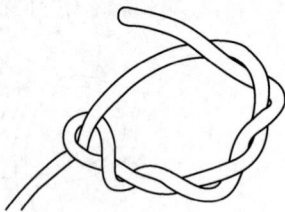

图 1-41　背结外形

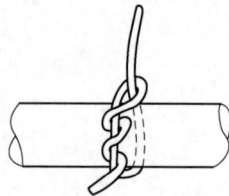

图 1-42　背结典型应用

2. 操作步骤

以背结在工程中进行角铁材料的捆绑为例，具体的操作过程如下：

（1）左手握长（主）绳一端，右手握短（副）绳，将副绳绕至另一侧主绳下方，使其成为圆圈，如图 1-43 所示，用副绳按照图中所示箭头指向从圆圈内压主绳穿入。

（2）然后，副绳绕主绳 3～4 圈，如图 1-44 所示。

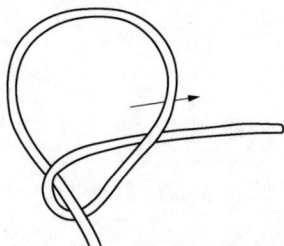

图 1-43　背结操作步骤 1

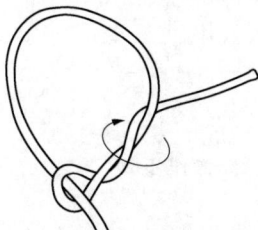

图 1-44　背结操作步骤 2

（3）转动绳圈，将绕好的背结绳调整到主绳背面，同时，将主绳收紧，并将绳头压在主绳的绳圈下，背结制作完成，如图 1-45 所示。

3. 工艺要求

（1）严格按操作步骤进行。

（2）绳结的每个部位必须收紧。

（3）短头缠绕应正确，绳头应牢固地压缠在受力（主）绳圈下。

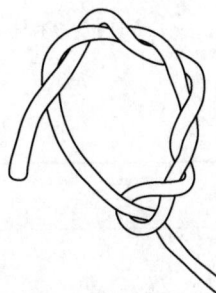

图 1-45　背结操作步骤 3

（十）倒背结

倒背结是倒结和背结的组合应用，倒背结具有倒结和背结的特点，同时，倒背结稳定性相对较倒结和背结单独使用时要好，如图 1-46 所示。

图 1-46　倒背结外形

1. 作用

在杆上作业时，上、下传递细长杆件（如横担等）可用此结。同时，可用来拖拉较重且较长的物体，可防止物体转动。

2. 操作步骤

（1）按背结的操作步骤，在长杆件一端完成背结的操作。

（2）根据杆件的长短，按图 1-47 所示箭头方向，将白棕绳拧一个绳圈，依次在杆件上倒结（至少 1 次），并将每个倒结绳圈收紧。

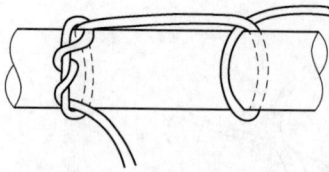

图 1-47　倒背结操作步骤

3. 工艺要求

（1）严格按操作步骤进行。

（2）绳结的每个部位必须收紧。

（3）背结的制作应按上述背结的制作工艺要求完成。

（4）倒结的绳圈必须压住主受力绳。

五、实训任务单

常用绳结 1　实训任务单

任务执行人	姓名： 学号：	任务监护人	姓名： 学号：	任务签发人	
任务 开始时间	年　月　日 时　分	任务 结束时间	年　月　日 时　分	任务地点	
一、准备阶段					

序号	执行步骤			执行结果√
	工作内容		标准及要求	
1	工作 准备	着装	正确佩戴安全帽（在教室进行该实训任务时，可不戴安全帽），穿工作服，穿防护鞋，戴防护手套	
		工器具	剪刀	
		耗材	一根长度为 2m、直径为 12mm 的尼龙编织绳	
2	风险管控		危险点	预控措施	
			防止无关人员进入实训场地，造成人身伤害	所有实训人员进入实训场地后，须关闭实训场地大门，大门要关好，可不上锁	
			防止高空坠物，造成人身伤害	进入实训场地前，必须戴好安全帽（在教室进行该实训任务时，可不戴安全帽）	
			防止手部受伤，造成伤口感染	实训前，必须戴好防护手套，并正确使用工具	
			防止人员在实训场内意外受伤	所有进入实训场内的人员，必须听从指导教师的安排，在教师指定的地方作业或休息，禁止在实训场内互相追逐、嬉戏、打闹	
			防止绳索将自己或他人勒伤	实训教师严格监管，发现危险动作立即制止，绳索不允许带出实训现场	

续表

		二、实施阶段	
序号		执行步骤	执行结果√
	工作内容	标准及要求	
1	绳结编制前准备工作	检查个人穿戴（到实训场地时，须佩戴安全帽、穿工作服、穿防护鞋、戴防护手套）	
2		一根长度为 2m、直径为 12mm 的尼龙编织绳	
3		检查绳索外观有无破损、突起，绳头是否散开	
4	绳结编制过程	学生按正确的方法编制平结	
5		相互纠错	
6		学生按正确的方法编制紧线结	
7		相互纠错	
8		学生按正确的方法编制活结	
9		相互纠错	
10		学生按正确的方法编制猪蹄结	
11		相互纠错	
12		学生按正确的方法编制抬结	
13		相互纠错	
14	绳结编制清理工作	将绳索收拢并放回原处	
15		在实训场地训练时，要将安全帽还原	

		三、验收阶段	
自验收	存在问题		
	改进意见		
任务评价	任务完成完整度	存在问题与改进意见	
	任务完成规范度	存在问题与改进意见	
	指导教师签字		

常用绳结2 实训任务单

任务执行人	姓名： 学号：	任务监护人	姓名： 学号：	任务签发人	
任务 开始时间	年 月 日 时 分	任务 结束时间	年 月 日 时 分	任务地点	

一、准备阶段

序号	执行步骤			执行结果√
	工作内容		标准及要求	
1	工作 准备	着装	正确佩戴安全帽（在教室进行该实训任务时，可不戴安全帽），穿工作服，穿防护鞋，戴防护手套	
		工器具	剪刀	
		耗材	一根长度为2m、直径为12mm的尼龙编织绳	
2	风险管控	危险点	预控措施	
		防止无关人员进入实训场地，造成人身伤害	所有实训人员进入实训场地后，须关闭实训场地大门，大门要关好，可上锁	
		防止高空坠物，造成人身伤害	进入实训场地前，必须戴好安全帽（在教室进行该实训任务时，可不戴安全帽）	
		防止手部受伤，造成伤口感染	实训前，必须戴好防护手套，并正确使用工具	
		防止人员在实训场内意外受伤	所有进入实训场内的人员，必须听从指导教师的安排，在教师指定的地方作业或休息，禁止在实训场内互相追逐、嬉戏、打闹	
		防止绳索将自己或他人勒伤	实训教师严格监管，发现危险动作须立即制止，绳索不允许带出实训现场	

二、实施阶段

序号	执行步骤		执行结果√
	工作内容	标准及要求	
1	打绳结前准备工作	检查个人穿戴（到实训场地时，须佩戴安全帽、穿工作服、穿防护鞋、戴防护手套）	
2		一根长度为2m、直径为12mm的尼龙编织绳	
3		检查绳索外观有无破损、突起，绳头是否散开	
4	绳结编制过程	学生按正确的方法编制拴马结	
5		相互纠错	
6		学生按正确的方法编制瓶结	
7		相互纠错	
8		学生按正确的方法编制倒结	
9		相互纠错	
10		学生按正确的方法编制背结	
11		相互纠错	
12		学生按正确的方法编制倒背结	
13		相互纠错	
14	绳结编制清理工作	将绳索收拢并放回原处	
15		在实训场地训练时，要将安全帽还原	

		三、验收阶段	
自验收	存在问题		
	改进意见		
任务评价	任务完成完整度	存在问题与改进意见	
	任务完成规范度	存在问题与改进意见	
	指导教师签字		

六、考核

（一）考核场地

（1）场地面积能同时满足多个工位的设置，保证选手操作方便、互不影响。

（2）设置评判桌椅和计时秒表。

（二）考核时间

（1）考核时间为 10min。

（2）选用工器具、材料时间为 5min，时间到停止选用。

（3）许可开工后记录考核开始时间。

（4）现场清理完毕后，汇报工作终结，记录考核结束时间。

（三）考核要点

（1）绳结的正确编制。包括平结、紧线结、活结、猪蹄结（梯形结）、抬结、拴马结、瓶结、倒结、背结、倒背结的正确编制。考生依据考核现场规定随机抽样完成四种绳结的编制。

（2）安全文明生产。全程使用劳动防护用品，操作完毕后清理现场，交还工器具、材料。

（四）评分参考标准

常用绳结的编制 1　评分参考标准

班级		学号		任务执行人	
任务签发人		考核地点		考核时间	10min
试题名称		常用绳结的编制 1			
考核要点及要求		（1）绳结的正确使用。"平结""紧线结""活结""猪蹄结""抬结"的正确使用。依据考核现场规定随机确定的顺序完成五种绳结的编制； （2）现场操作场地及工具材料已完备； （3）安全文明生产			
现场设备、工器具、材料		（1）工器具：剪刀； （2）材料：长度为 2m、直径为 12mm 的尼龙编织绳若干			
备注		考评员随机抽选 4 项对考生进行考核，非选项目按 0 分计列			

评分标准

序号	作业名称	质量要求	分值	评分标准	扣分原因	得分
1	着装	正确佩戴安全帽，穿工作服、绝缘鞋	10	（1）未着工作服扣 3 分； （2）着装不规范扣 2 分		
2	工器具、材料选用	根据选中选项要求，正确选择工器具、材料	5	（1）错选、漏选扣 2~3 分； （2）物件未检查扣 2 分		
3	平结	系法正确，受力后尾端无滑动现象	15	（1）系法不正确扣 10 分； （2）受力出现滑动扣 5 分； （3）返工扣 2 分		
4	紧线结	系法正确，受力后尾端无滑动现象	15	（1）系法不正确扣 10 分； （2）受力出现滑动扣 5 分； （3）返工扣 2 分		
5	活结	系法正确，受力后尾端无滑动现象	15	（1）系法不正确扣 10 分； （2）受力出现滑动扣 5 分； （3）返工扣 2 分		
6	猪蹄结	系法正确，受力后尾端无滑动现象	15	（1）系法不正确扣 10 分； （2）受力出现滑动扣 5 分； （3）返工扣 2 分		
7	抬结	系法正确，受力后尾端无滑动现象	15	（1）系法不正确扣 10 分； （2）受力出现滑动扣 5 分； （3）返工扣 2 分		

续表

序号	作业名称	质量要求	分值	评分标准	扣分原因	得分
8	安全文明生产	全程使用劳动防护用品，操作完毕后清理现场，交还工器具、材料	10	（1）未戴防护手套扣2分； （2）未清理场地扣2分； （3）发生恶性违章，本项目考核为零分		
考试开始时间			考试结束时间		合计	

常用绳结的编制 2 评分参考标准

班级		学号		任务执行人	
任务签发人		考核地点		考核时间	10min
试题名称	常用绳结的编制2				
考核要点及要求	（1）绳结的正确使用。包括拴马结、瓶结、倒结、背结、倒背结的正确使用。依据考核现场规定随机确定的顺序完成五种绳结的编制； （2）现场操作场地及工具材料已完备； （3）安全文明生产				
现场设备、工器具、材料	（1）工器具：剪刀； （2）材料：长度为2m、直径为12mm的尼龙编织绳若干				
备注	考评员随机抽选4项对考生进行考核，非选项目按0分计列				

序号	作业名称	质量要求	分值	评分标准	扣分原因	得分
1	着装	正确佩戴安全帽，穿工作服、绝缘鞋	10	（1）未着工作服扣3分； （2）着装不规范扣2分		
2	工器具、材料选用	根据选中项要求，正确选择工器具、材料	5	（1）错选、漏选扣2～3分； （2）物件未检查扣2分		
3	拴马结	系法正确，受力后尾端无滑动现象	15	（1）系法不正确扣10分； （2）受力出现滑动扣5分； （3）返工扣2分		
4	瓶结	系法正确，受力后尾端无滑动现象	15	（1）系法不正确扣10分； （2）受力出现滑动扣5分； （3）返工扣2分		
5	倒结	系法正确，受力后尾端无滑动现象	15	（1）系法不正确扣10分； （2）受力出现滑动扣5分； （3）返工扣2分		
6	背结	系法正确，受力后尾端无滑动现象	15	（1）系法不正确扣10分； （2）受力出现滑动扣5分； （3）返工扣2分		
7	倒背结	系法正确，受力后尾端无滑动现象	15	（1）系法不正确扣10分； （2）受力出现滑动扣5分； （3）返工扣2分		
8	安全文明生产	全程使用劳动防护用品，操作完毕后清理现场，交还工器具、材料	10	（1）未戴防护手套扣2分； （2）未清理场地扣2分； （3）发生恶性违章，本项目考核为零分		
考试开始时间			考试结束时间		合计	

七、素质拓展

（1）在电力生产中，如果需要用到能自紧的绳结，可以有哪几种选择？

（2）倒背结的编制工艺要求是什么？

（3）在进行火灾逃生时，可能会用到哪几种绳结呢？

项目二

登　杆

一、项目目标

了解登杆所需使用的安全工器具和劳动防护用品，熟练掌握安全工器具的穿戴、检查、使用和保养方法，能规范并熟练地使用登杆工具登杆、下杆，能进行作业现场的安全文明生产。

二、工器具、材料准备

（1）工器具：电工个人工具、登杆工具、安全用具、计时秒表。

（2）材料：防护手套。

三、知识准备

（一）安全带

1. 安全带的作用及使用场合

安全带是电工登高作业时防止坠落伤害的安全用具，国家规定在 2m 以上的平台或外悬空作业时必须使用安全带。安全带由腰带、腰绳、保险绳和金属挂钩组成，安全带的带和绳部分使用锦纶、维纶、蚕丝料等制成，金属挂钩使用普通碳素钢制成，它们具有质量轻、耐磨、耐腐蚀、吸水率低和耐高温、抗老化等特点。其外形如图 2-1 所示。

图 2-1　安全带外形

2. 安全带使用前检查

高空安全带及其附件是在人体坠落时，用于平衡地拉住人体并限制其下落距离的安全装置，故需要具有足够的强度，以便能经受住由此产生的力。安全带及其金属配件、带、绳须按照国标标准进行测试，并符合安全带、绳和金属配件的破断负荷指标。

围杆安全带以静负荷 4500N，做 100mm/min 的拉伸速度测试时，应无破断。悬挂、攀登安全带以 100kg 质量检验，自由坠落，做冲击试验，应无破断。架子工安全带做冲击试验时，应模拟人形并且腰带的悬挂处要抬高 1m。自锁式安全带和速差式自控器以 100kg 质量做坠落冲击试验，下滑距离均不大于 1.2m。用缓冲器连接的高空安全带在 4m 冲距内，以 100kg 质量做冲击试验，应不超过 9000N。

3. 安全带使用方法

使用前，检查产品完好，不缺少配件，带体不得出现断裂、脱丝等现象。使用步骤如下：

（1）将全套安全带零配件如后背绳挂好，使用者先将腰间的带子系好。

（2）登杆前，将安全带的围杆带绕电线杆一周后系在主带上，然后使用登杆脚扣进行登杆作业，此时安全带作为一种防坠、抗缓冲及抗后侧坠落的保护装置。

（3）后背绳作为登杆到顶部作业时拴系在电杆横担上的一种防坠生命保护绳，挂接好后，方可进行作业。严禁酗酒、饮酒后使用，禁止心脏病患者、孕妇、老人或精神状态不佳者使用。

（4）使用前，要对产品进行力学承重试验，试验合格后方可使用。

4. 安全带使用注意事项

（1）安全带使用期一般为 3～5 年，发现异常应提前报废。

（2）安全带的腰带和保险绳应有足够的机械强度，材质应有耐磨性，卡环（钩）应具有保险装置。保险绳使用长度在 3m 以上的应加装缓冲器。

（3）使用安全带前应进行外观检查，包括组件完整、无短缺、无伤残破损；绳索及腰带无脆性断裂、断股或扭结；金属配件无裂纹、焊接无缺陷、无严重锈蚀；挂钩的钩舌咬口平整不错位，保险装置完整可靠；铆钉无明显偏位，表面平整。

（4）安全带使用时，应扎在臀部而不应扎在腰部。

（5）登杆后，安全带应拴在紧固可靠之处，禁止系在横担、拉板、杆顶、棱角锋利部位，以及即将要撤换的部位或部件上。

（6）安全带要高挂和平行拴挂，严禁低挂高用。安全带拴好后，应首先将钩环扣好并将保险装置闭锁，且检查后才能作业。登上杆后的全部作业都不允许将安全带解开。

5. 安全带的保管与存放

安全带长时间使用之后要进行一定的检查。安全带使用两年后，应按批量购入情况进行抽检，围杆带做静负荷试验，安全绳做冲击试验，无破裂可继续使用，不合格品立即报废，禁止继续使用。抽样过的安全绳必须重新更换后才能使用，更换新绳时注意加绳套。

安全带的储存也是有一定讲究的，安全带应储存在干燥、通风的仓库内，不准接触高温、明火、强酸、强碱或锋利的硬物，也不要暴晒，搬动时不能用带钩刺的工具，运输过程中要防止日晒雨淋。

（二）脚扣

1. 脚扣的作用及使用场合

脚扣又称铁脚，是电工套在鞋上攀登不同规格的钢筋混凝土杆或木质杆的理想工具，利用脚扣登杆速度快、省力，因此脚扣深受电工的喜欢。脚扣一般采用高强度无缝铁管制成弧形，经过热处理后，具有质量轻、强度高、韧性好、可调性好、轻便灵活、安全可靠、携带方便等优点，它利用杠杆作用，借助人体自身质量，使另一侧紧扣在电线杆上，产生较大的摩擦力，从而易于攀登。其外形如图 2-2 所示。

图 2-2　脚扣外形

2. 脚扣使用前检查

脚扣使用前应检查是否符合下列规定：

（1）脚扣的形式应与电杆的材质相适应，禁止用木杆脚扣上电杆。

（2）脚扣的尺寸应与杆径相适应，禁止"大脚扣"上"小杆"。

（3）检查脚扣有无摔过，开口过大或过小、歪扭、变形的脚扣不得继续使用。

（4）脚扣的小爪应活动灵活，且螺栓无松脱，胶皮无磨损。

（5）脚扣上的胶皮层应无老化、平滑、脱落、磨损、断裂等现象。

（6）脚扣上的皮带孔眼应无豁裂、严重磨损或断裂。

（7）脚扣的踏板与铁管焊接应无开焊及断裂现象。

（8）脚扣的静拉力试验不应小于 1000N，试验周期为 0.5 年一次。

（9）检查脚扣合格证应在有效期内。

3. 脚扣使用注意事项

（1）脚扣在使用前，必须对其进行单腿冲击试验，方法是将脚扣卡在离地面 30cm 左右的电线杆上，单脚站立于脚扣上，用最大力量猛踩，检查脚扣的机械强度是否完好可靠，扣环是否变形和损伤，防滑胶皮是否可靠。

（2）使用脚扣攀登时，必须全过程系安全带。

（3）登杆前，应将脚扣登板的皮带系牢；登杆过程中，应根据杆径粗细随时调整脚扣尺寸。

（4）在攀登锥形杆时，要根据杆径调整脚扣至合适位置，使脚扣防滑胶皮可靠地紧贴于电杆表面。

（5）特殊天气使用脚扣和登高板时，应采取防滑措施，严禁从高处往下扔摔脚扣。

4. 脚扣的保管与存放

储存：宜放在干燥、通风和不引起腐蚀的场所保存。

使用 1 年后，要做全面检查，并抽出使用过的 1%做拉力试验，以各部件无破损或重大变形为合格（抽试过的脚扣不得再次使用）。

（三）登高板（踏板）

1. 登高板的作用及使用场合

登高板又称踏板，也是电工常用的登杆工具。登高板的优点是在电杆上工作时可以平稳站立，上身伸展幅度较大，身体较为灵活，能在电杆上长时间工作，缺点是上、下杆速度比较慢，也比较累。登高板外形如图 2-3 所示。

图 2-3 登高板（踏板）外形

2. 登高板使用前检查

（1）使用前，检查标志和试验合格证，钩子不应有裂痕形和严重的锈蚀，心形环是否完整，绳索无断股、变形或严重磨损，踏板无严重磨损、有防滑花纹，绳与踏板间应套接紧密。

（2）踏板挂钩时，必须正勾，勾向外、向上，切勿反勾，以免造成脱钩事故。

（3）登杆前，应先将踏板钩挂好，使踏板离地面 15 ～ 20cm，用人体做冲击载荷试验，检查踏板有无下滑、是否可靠。

3. 登高板使用方法

登高板由脚板、绳索、铁钩组成。脚板由坚硬的木板制成，大小约为 640mm×80mm×25mm；绳索为 16mm 多股白棕绳或尼龙绳，绳两端系结在脚板两头的扎结槽内，绳顶端系结铁钩，绳的长度应与使用者的身材相适应，一般在一人一手长左右。脚板和绳索均应能承受 3000N 的重力。登杆时，先将一只登高板背在身上（钩子朝电杆面，木板朝人体背面），另一只登高板钩挂在电杆上，右手收紧绳子并抓紧板上两根绳子，左手压紧踩板左边绳内侧端部，而后右脚跨上踏板，两手两脚同时用力，使人体上升。当人体上升到一定高度时，左脚上板绞紧左边绳，待人体站稳后，才可在电杆上挂另一只踏板，重复前面步骤，依次交替进行，完成登杆工作。下杆时，先把上一只踏板取下（钩口朝上），钩挂到现用的踏板下方，右手握住上一只踏板左边绳，抽出左腿，下滑至适当位置登杆，同时左手握住下一只踏板的挂钩（钩口朝上），将其放到适当的位置，双手下滑，同时右脚下上一只踏板、踩下一只踏板，依次交替进行，完成下杆工作。

4. 登高板使用注意事项

（1）要掌握正确的挂钩方法，钩柄贴住电杆而钩口朝上，在人体未踏上踏板前必须用右手大拇指顶住钩口，以防钩口受白棕绳活动而改变朝向，人体踏上踏板后，方可松开右手。

（2）登高板使用前，应仔细检查，脚踏板不得有裂纹、变形或腐蚀，钩子心形环是否完整，绳索无断股或霉变。绳结接头每股绳连续插花应不少于 4 道，绳结与踏板间应套接紧密。

（3）踏板挂钩时，必须正挂（勾口向外、向上），切勿反勾，以免造成脱钩事故。

（4）登杆前，应先将踏板勾挂好，使踏板离地面 15～20cm，用人体做冲击载荷试验，检查踏板有无下滑、是否可靠。

5. 登高板的保管与存放

每天工作结束，应及时做好座板和绳带的清洁工作，清除黏附的涂料等污物。当登高板上粘有灰尘等污物时，可在水中洗净，自然干燥后储存，以防霉烂。座式登高板应存放在常温、无阳光、干燥、通风的场所中，不要使绳、带与酸、碱等腐蚀性化学物质或有机溶剂接触。各种绳、带应盘整好，很松地挂在木架上，不可折叠，不可在其上堆放重物。不要在地面、物件棱角上拖拉绳，以免绳被磨坏，或因砂石屑嵌入绳内部导致绳的损伤。自锁器等金属配件上可涂些防锈油，以防生锈。应根据各地区气候条件、使用条件及经验使用寿命确定座式登高板合理的使用寿命，一般使用期为3～5 年。但若在此期间安全绳磨损、带子破裂应提前报废。

（四）绝缘梯

1. 绝缘梯的作用及使用场合

绝缘梯多用于电力工程、电信工程、电气工程、水电工程等，是专用的登杆工具。绝缘梯的良好绝缘特点最大程度地保证了工人的生命安全。其外形如图 2-4 所示。

2. 绝缘梯的检查

绝缘梯使用前检查：

（1）每次使用梯子前，必须仔细检查梯子表面、零配件、梯脚等是否存在裂纹、严重的磨损及影响安全的损伤。

（2）使用梯子时，应选择坚硬、平整的地面，以防梯子侧歪发生意外。

图 2-4　绝缘梯外形

（3）检查所有梯脚是否与地面接触良好，以防打滑。

（4）如果梯子使用高度超过 5m，请务必在梯子中上部设立 F8 以上拉线。

（5）头昏、眼花、酒后或身体不适时，严禁使用梯子。

（6）在门、窗四周工作时，必须先将门、窗固定，以免开、关门或窗撞到梯子。

（7）大风条件下，使用梯子要格外小心，或尽量不使用。

（8）正确使用梯子最适合的高度，严禁在梯子上、下附加或放置任何东西增加高度。

（9）在未经制造商许可的情况下，梯子不得附加其他的结构，不得使用和维修损坏的梯子。

（10）梯子升降时，严禁手握横撑，以防切伤手指。

3. 绝缘梯使用方法

使用梯子时，应设立地面监护人员扶梯。扶梯时，一般宜用脚抵住梯脚，防止滑动，如能将梯子支在高处的、具有足够强度的管道、角钢上时，梯子上应有挂钩，或将梯子与管子、角钢绑扎牢固。

4. 绝缘梯使用注意事项

（1）禁止超过梯子的工作负荷。

（2）梯脚具有防滑效果，但依然需要有人用手直接扶住梯子提醒保护（同时防止梯子侧歪），并用脚踩住梯子的底脚，以防底脚发生移动。

（3）攀登梯子时，必须穿平底鞋，以免打滑发生意外。

（4）当攀登梯子或工作时，总是保持身体在梯梆的横撑中间，身体保持正直，不能伸到外面，否则可能会因为失去平衡而发生意外。

（5）梯子上有人时，严禁移位。

（6）只允许一人攀登梯子或在梯子上。

5. 绝缘梯的保管与存放

（1）使用后，仔细检查使用中是否有碰撞损坏，防滑胶垫是否有脱落现象。

（2）工作完成，将梯子擦拭干净，放在干燥的地方保存。

（五）防坠器

1. 防坠器的作用及使用场合

防坠器又叫速差器，能在限定距离内快速制动锁定坠落物体，适合于高处作业、货物吊装，保护高空和地面操作人员的生命安全，防止被吊工件物体的损坏。防坠器利用物体下坠速度差进行自控，高挂低用，其外形如图 2-5 所示。

2. 防坠器使用前检查

每次使用防坠器时，必须做一次外观检查，在使用过程中，也要注意查看，在 0.5～1 年内要试验一次。以主部件不损坏为要求，如发现有破损变质情况及时反映，并停止使用，以确保操作安全。

图 2-5 防坠器外形

3. 防坠器使用方法

使用半径内，不需更换悬挂点。正常使用时，防坠器上的安全绳将随人体自由伸缩。在防坠器内机构作用下，处半紧张状态，使操作人员无牵挂感。万一失足坠落，安全绳拉出速度明显加快，防坠器内锁止系统即自动锁止。使安全绳拉出距离不超过 0.2m，冲击力小于 2949N，对失足人员毫无伤害。负荷解除即可自动恢复工作。工作完毕，安全绳将自动回收到防坠器内，便于携带。

防坠器固定悬挂在作业点上方，将防坠器内的绳索和安全带上半圆环联结可任意将绳索拉出，在一定位置上作业。工作完毕，人向上移动，绳即自行收回自控器内。坠落时自控器受速度影响进行制动控制。试验时，拉出绳长 0.8m，要求模拟人体坠落时下滑，距离不超过 1.2m 为合格。

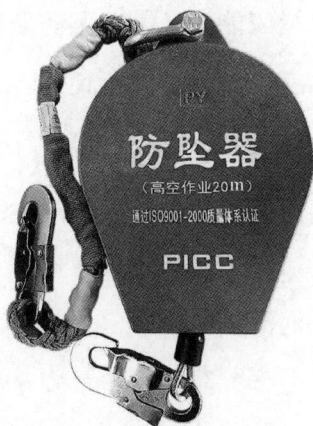

防坠器在使用过程中，尽量保持垂直，目的是防止安全绳和防坠器的外壳发生摩擦，磨损安全绳和外壳。

4. 防坠器使用注意事项

（1）防坠器必须高挂低用，使用时应悬挂在使用者上方坚固钝边的结构物上。

（2）使用防坠器前应对安全绳、外观做检查，并试锁 2～3 次（试锁方法：将安全绳以正常速度拉出应发出"嗒""嗒"声；用力猛拉安全绳，应能锁止。松手时，安全绳应能自动回收到防坠器内，如安全绳未能完全回收，只需稍拉出一些安全绳即可）。如有异常立即停止使用。

（3）使用防坠器进行倾斜作业时，原则上倾斜度不超过 30°，30°以上必须考虑能否撞击到周围物体。

（4）防坠器关键零件已做耐磨、耐腐蚀等特种处理，并经严密调试，使用时不需加润滑剂。

（5）防坠器严禁安全绳扭结使用。

（6）防坠器严禁拆卸改装，并应放在干燥、少尘的地方。

5. 防坠器的保管与存放

防坠器要有专人保管。存放时，避免接触高温、明火、强酸、强碱或者尖锐的物体，同时要尽量存放在干燥的环境中，目的是防止带式的安全绳发生霉变，金属配件发生腐蚀。

防坠器中非常重要的零件之一是钢带，是保证安全绳能够收缩的重要装置，因此当我们在使用完防坠器后，应及时将安全绳全部收缩，目的是防止钢带由于持续处于紧张状态而弹性变弱，导致安全绳无法安全回缩。高空防坠器零件要保持干燥，尤其是在室外使用时，应架设防雨设备，以免受潮。操作完毕时，将防坠器远离潮湿区、高温区或化学区，以维持其性能。

（六）安全绳

1. 安全绳的作用及使用场合

安全绳是用合成纤维编织而成，是一种用于连接安全带的辅助用绳，它的功能是双重保护，确保安全。在高空作业时用于保护人员和物品安全的绳索，一般为合成纤维绳、麻绳或钢丝绳。在施工、安装、维修等高空作业用时，适用于外线电工、建筑工人、电信工人作业、电线维修等相似工种。

其外形如图 2-6 所示。

图 2-6　安全绳外形

2. 安全绳使用前检查

（1）组件完整，无短缺、无破损。

（2）绳索、编织带无脆性断裂、断股或扭结。

（3）皮革配件完好、无伤残。

（4）金属配件无裂纹、焊接无缺陷、无严重锈蚀。

（5）挂钩的钩舌咬口平整不错位，保险装置完整可靠。

（6）活梁卡子的活梁灵活，表面滚花良好，与边框间距符合要求。

（7）铆钉无明显偏位，表面平整。

（8）定期检查合格证，有记录，未超期使用。

（9）按照国家标准制造的产品，标志、标识清晰，有明确的报废周期。

（10）配备的防坠器应制动可靠。

3. 安全绳使用方法

（1）手扶水平安全绳宜选用带有塑胶套的纤维芯 6×37+1 钢丝绳，其功能应符合国家标准《钢丝绳用楔形接头》（GB/T 5973—2006）的要求，并有产品出产许可证和产品出厂合格证。

（2）钢丝绳两头应固定在结实牢靠的构架上，在构架上环绕不得少于 2 圈，与构架锋芒处相触摸时应加衬垫。

（3）钢丝绳端部固定连接应运用绳卡（也叫钢丝绳夹头），绳卡压板应在钢丝绳长头的一端，绳卡数量应不少于 3 个，绳卡距离不应小于钢丝绳直径的 6 倍；安全夹头安装在距最终一只夹头约 500mm 处，应将绳头放出一段安全弯后再与主绳夹紧。

（4）钢丝绳固定高度应为 1.1～1.4m；每距离 2m 应设一个固定支撑点；钢丝绳固

定后弧垂应为 10～30mm。

（5）手扶水平安全绳仅作为高处作业特别情况下，为作业人员行走时的扶绳，禁止在安全带悬挂点运用。应常常查看固定端或固定点有没有松动表象，钢丝绳有没有损伤和腐蚀、断股表象。

4. 安全绳使用注意事项

安全绳直径不小于 13mm，捻度为（8.5～9）/100（花/mm）。绳头要编成 3～4 道加捻压股插花，股绳不准有松紧。通常，安全绳的直径为 $\phi16$。安全绳使用前必须做一次检查，发现破损，停止使用，佩戴时活动卡子系紧，不可接触明火和化学物品。安全绳要经常保持清洁，用完后妥善存放，弄脏后可用温水及肥皂水清洗，在阴凉处晾干，不可用热水浸泡或日晒火烧。使用 1 年后，安全绳要做全面检查，并抽出使用过的 1%做拉力试验，以各部件无破损或无重大变形为合格（抽试过的安全绳不得再次使用）。为确保安全，不得在高温处使用安全绳，不得将绳打结使用，每次使用时应做外观检查，如发现破损，立即停止使用。

5. 安全绳的保管与存放

将安全绳储存在干燥、通风的仓库内，应经常保洁，不宜接触明火、酸、碱等，不与锋利物品碰撞，安全绳不得放在日光下暴晒。

四、项目步骤

（一）登杆前检查

登杆前，须核对杆上双重称号，防止误登带电杆，绕杆检查，看杆身有无裂纹，检查杆根是否牢固，埋深是否符合 1∶7 的规定（检查埋深时，杆上会有一个 3m 标注线，可以测量标注线到地面的距离来确定埋深）；检查高压验电器、接地线组、传递绳、绝缘手套的外观并确定其完好；对验电器进行自检，确定其有效性；用铁榔头将接地钎打入地下，检查入地深度不小于 0.6m，确定其接地性能良好。

（二）登杆工具准备及冲击试验

登杆前，需要对脚扣、安全带、防坠器等工具进行冲击试验。调整脚扣上的脚绳至合适大小，踩上脚扣根据声音判断是否有金属疲劳声；检查安全带是否有损坏松动；快速拉扯防坠器，测试防坠器是否有效等。确认安全带系绑正确，无缠绕扭曲等现象，围杆带与腰部平直，围杆带长度根据操作人员自己身高进行调整（在围杆带绷直的情况下，双手自然弯曲，伸手扶住杆的两侧，此时双手掌心正好与杆的直径重合，为合适长度）。

（三）登杆

登杆前，须确定操作人员 1 名、地面辅助人员 1 名、监护人 1 名（监护人须佩戴监护专责袖章），召开班前会，进行人员分工、危险点分析，并做好预控措施。上、下杆过程中，动作规范、熟练脚扣无虚扣、滑动、松脱、掉落，移动脚扣时，脚尖应上挑防止脚扣脱落；安全带平直无扭曲，围杆带始终绷直且与腰部平齐；上、下杆过程中，两只脚轮流支撑重心，作为重心脚。重心脚的膝盖始终保持撑直，不可弯曲，双手不可抱杆，上下脚的后脚跟应在同一竖直线上。在上、下杆全过程中，安全带不可接触地面。

选择好合适工作位置后，立刻选择牢固的构件，按高挂低用的要求系好后备保护绳并固定牢靠。

五、实训任务单

登杆训练　实训任务单

任务执行人	姓名： 学号：	任务监护人	姓名： 学号：	任务签发人	
任务 开始时间	年　月　日 时　分	任务 结束时间	年　月　日 时　分	任务地点	
一、准备阶段					
序号	执行步骤				执行结果√
	工作内容		标准及要求		
1	工作 准备	着装	正确佩戴安全帽，穿长袖、长裤工作服，穿薄底软面鞋，戴防护手套		
		工器具	登杆脚扣 1 对，全身式安全带 1 副，防坠器 1 个，工作操作人、工作监护人、工作负责人马甲各 1 件		
		耗材	脚扣、胶皮若干		

<table>
<tr><td colspan="5" align="center">一、准备阶段</td></tr>
</table>

序号	执行步骤			执行结果√
	工作内容	标准及要求		
2	风险管控	危险点	预控措施	
		防止无关人员进入实训场地，造成人身伤害	所有实训人员进入实训场地后，关闭实训场地大门，可不上锁	
		防止高空坠物，登杆时，头部与杆身或杆上金具发生碰撞，造成人身伤害	进入实训场地前，必须戴好安全帽	
		防止误登杆塔，造成人身伤害	登杆前，仔细核对杆塔称号与任务地点须相同	
		登杆过程中，电杆断裂或倾倒，造成人身伤害	登杆前，需要绕杆检查（杆身有无裂纹、杆根是否牢固、杆的埋深是否符合1:7的要求）	
		登杆过程中，因工器具失效，造成高空坠落	登杆前，需要对脚扣、安全带、防坠器进行冲击试验	
		防止人员在实训场地内意外受伤	所有进入实训场地内的人员，必须听从指导教师的安排，在教师指定的地方作业或休息，禁止在实训场地内互相追逐、嬉戏、打闹	
		登高动作不熟练或动作不规范，造成高空坠落	双脚离地前，必须系好安全带并正确使用速差防坠器	

<table>
<tr><td colspan="4" align="center">二、实施阶段</td></tr>
</table>

序号	执行步骤		执行结果√
	工作内容	标准及要求	
1	登杆前准备工作	检查个人穿戴（戴安全帽、穿工作服、穿防护鞋、戴防护手套）	
2		布置安全围栏，设置安全标示牌（口述）	
3		核对杆上双重称号，绕杆检查（杆身有无裂纹、杆根是否牢固、杆深是否符合1:7的要求）	
4		对脚扣、安全带、防坠器进行冲击试验	
5		系好安全带并扣好防坠器	
6	登杆过程	保证一只脚始终在地面的基础上，左、右脚交替练习脚部扣杆动作，直至扣杆时没有卡顿感，并连续10次在无卡顿的情况下成功扣杆	
7		上杆过程中，每一步脚扣都扣牢，无虚扣、无滑动、无松脱、掉落	
8		上杆过程中，安全带平直无扭曲，围杆带始终绷直	
9		上杆姿势正确，重心脚的膝盖始终保持撑直，没有弯曲，无抱杆现象，身体重心转换熟练	
10		在指定高度松开双手达5s，身体舒展	
11		下杆过程中，每一步脚扣都扣牢，无虚扣、无滑动、无松脱、无掉落	
12		下杆过程中，安全带平直无扭曲，围杆带始终绷直	
13		下杆姿势正确，重心脚的膝盖始终保持撑直，没有弯曲，无抱杆现象，身体重心转换熟练	
14		上杆前和下杆后，安全带任何部分不能接触到地面	

续表

二、实施阶段			
序号	执行步骤		执行结果√
	工作内容	标准及要求	
15	登杆后清理工作	防坠器收缩到杆顶，不能一直保持拉伸状态	
16		将安全带脱下，放入包中，还原	
17		脚扣还原（轻拿轻放）	

三、验收阶段			
自验收	存在问题		
	改进意见		
任务评价	任务完成完整度	存在问题与改进意见	
	任务完成规范度	存在问题与改进意见	
	总体评分		指导教师签字	

六、考核

（一）考核场地

（1）考场设在培训专用线路的直线杆上，杆上无障碍，不少于两个工位。

（2）给定线路上安全措施已完成，配有一定区域的安全围栏。

（3）设置评判桌椅和计时秒表、装订机、计算器。

（二）考核时间

考核时间为 5min。

（三）考核要点

（1）登杆前，正确选择和穿戴个人防护装备，包括安全帽、工作服、手套、工作鞋等。

（2）正确选择作业工器具及材料，能正确检查工器具状态。

（3）核对作业点，进行现场安全措施设置（设置安全围栏、标示牌等）。

（4）检查杆根、拉线并确认牢固完好，适合登杆。

（5）试登杆，进行脚扣冲击试验，核查脚扣的可靠性。

（四）评分参考标准

登杆操作　评分参考标准

班级		学号		任务执行人	
任务签发人		考核地点		考核时间	5min
试题名称			登杆操作		
考核要点及其要求	（1）给定条件，在培训专用10kV线路杆上进行，杆上无障碍； （2）工作环境，现场操作场地及设备已完备； （3）给定线路上其他安全措施已完成				
现场设备、工器具、材料	（1）工器具：电工个人工具、登杆工具、安全用具、计时秒表； （2）材料：防护手套，提供各种规格设备，供考核人员选择； （3）考生自备工作服、工作鞋				
备注	必须在做好安全保护措施，完成相关检查，得到允许后方可登杆				

			评分标准				
序号	作业名称	质量要求	分值	评分标准		扣分原因	得分
1	工器具使用	根据工作需要选择工器具及安全用具，并做外观检查	10	（1）漏、错选扣3分； （2）未进行外观检查扣2分			
2	着装、穿戴	工作服、工作鞋、安全帽等穿戴正确	10	（1）不按规定穿着扣5分； （2）穿戴不规范扣2分			
3	登杆前检查	登杆前明确线路杆位（设备）编号、杆根、杆身及埋深检查，悬挂标示牌	10	（1）未检查扣5分； （2）未挂标示牌扣5分			
4	登杆工具冲击试验	对登杆工具进行冲击试验	10	（1）未进行试冲试拉试验扣5分； （2）试验不规范扣2分			
5	登杆	登杆动作规范、熟练	20	（1）登高不熟练扣1~3分； （2）登高不规范扣1~3分			
6	下杆	下杆动作规范、熟练	20	（1）下杆不熟练扣1~3分； （2）下杆不规范扣1~3分			

续表

7	清理现场	清查杆上遗留物,操作人员下杆,并与地面辅助人员配合清理现场	10	(1)现场恢复不彻底扣4分; (2)现场有遗留物扣3分		
8	安全文明生产	操作过程中无跌落物,规范、文明操作,禁止违章操作,操作熟练、连续,有序	10	(1)不安全行为扣5分; (2)发生一次跌落物扣2分; (3)操作不熟练、不规范扣1～3分; (4)发生恶性违章,本项目考核为零分		
考试开始时间			考试结束时间		合计	

七、素质拓展

(1)在电力生产中,在使用安全带前应检查安全带的哪些事项?

(2)如果你是一名电力一线员工,用脚扣登杆作业之前,应该如何进行脚扣的冲击试验?

(3)在电力生产中,哪些情况会用到登高板进行登杆?哪些情况会用到脚扣进行登杆?两种登杆工具的优缺点和特点分别是什么?

项目三

10kV 线路接地线的挂拆

一、项目目标

掌握并能选择正确的登杆挂接地线所需使用的安全工器具和劳动防护用品，能掌握验电的方法并熟练使用验电器进行验电，能熟练地使用登杆工具进行登杆至作业点，能正确规范地进行挂接地线和拆接地线，能进行作业后清理现场。

二、工器具、材料准备

（1）工器具：电工个人工具、锤子、登杆工具、安全用具、传递绳。

（2）材料：10kV 接地线、验电器、绝缘手套。

三、知识准备

（一）安全要求

（1）防触电伤人。登杆前，作业人员应核准线路或设备的双重称号后，方可工作。注意被测导线和临近电源的安全距离，验电、挂（拆）接地线时戴好绝缘手套。

（2）防倒杆伤人。登杆前，检查杆根、杆身、埋深是否达到要求，拉线是否紧固。

（3）防高空坠落。登杆前，要检查登杆工具是否在试验期限内，对脚扣和安全带做冲击试验。高空作业中，安全带应系在牢固的构件上，并系好后备保护绳，确保双重保护。转向移位穿越时，不得失去一重保护。作业时，不得失去监护。

（4）防坠物伤人。作业现场人员必须戴好安全帽，严禁在作业点正下方逗留。杆上作业要用传递绳索上、下传递工具材料，严禁抛掷。

（二）准备工作

（1）规范着装。

（2）根据工作需要选择工器具。

（3）选择符合标准的接地线、验电器、绝缘手套。

四、项目步骤

（一）工作过程

1. 登杆前检查

登杆前，须核对杆上双重称号，防止误登带电杆。核准线路的双重称号后绕杆检查，查看杆身有无裂纹，检查杆根是否牢固，检查电杆埋深是否符合1：7的规定（检查埋深时，杆上会有一个3m标注线，可以测量标注线到地面的距离来确定埋深）；检查高压验电器、接地线组、传递绳、绝缘手套的外观确定其完好；对验电器进行自检，确定其有效性；用铁榔头将接地钎打入地下，检查入地深度不小于0.6m，确定其接地性能良好。

2. 登杆工具准备及冲击试验

登杆前，需要对脚扣、安全带、防坠器等工具进行冲击试验。调整脚扣上的脚绳至合适大小，踩上脚扣听一听是否有金属疲劳声；检查安全带是否有损坏、松动；快速拉扯防坠器，测试防坠器是否有效等。确认安全带系绑正确，无缠绕、扭曲等现象，围杆带与腰部平直，围杆带长度根据操作人员自己身高进行调整（在围杆带绷直的情况下，双手自然弯曲伸手扶住杆的两侧，此时双手掌心正好与杆的直径重合）。

3. 登杆、工作位置确定

登杆前，须确定操作人员 1 名、地面辅助人员 1 名、监护人 1 名（监护人须佩戴监护专责袖章），召开班前会，进行人员分工、危险点分析，并做好预控措施。上、下杆过程中，动作规范、熟练脚扣无虚扣、滑动、松脱、掉落，移动脚扣时，脚尖应上挑防止脚扣脱落；安全带平直无扭曲，围杆带始终绷直且与腰部平齐；重心脚的膝盖始终保持撑直，不可弯曲，双手不可抱杆，上下脚的后脚跟应在同一竖直线上。在上、下杆全过程中，安全带不可接触地面。选择好合适工作位置后，立刻选择牢固的构件，按高挂低用的要求系好后备保护绳并固定牢靠。

4. 验电

验电前，站位伸手距导线保持 0.7m 的安全距离，双手正确佩戴绝缘手套，对验电器自检，确定其有效性后再验电。验电时，先验近侧、后验远侧，先验下层、后验上层，先验中性线、后验相线，先验中相、后验边相，即"先近后远，先下后上，先中性线后相线，先中后边"，验电结束后，再次进行验电器自检，复核有效性。

5. 装设接地线

验明线路确无电压后，取下绝缘手套，戴防护手套，用传递绳上提接地线组，并放在合适的位置。挂接地线时必须戴绝缘手套，操作顺序正确（先挂中性线，再挂相线；先挂中相，再挂边相），接地线与导线连接可靠、牢固，没有缠绕现象，操作人员身体不得碰触接地线。

6. 拆除接地线

接地线拆除方法正确，（先拆除相线，再拆除中性线；先拆除边相，再拆除中相），逐相拆除，操作熟练。取下绝缘手套，戴防护手套，使用传递绳传递接地线组，不允许抛接接地线组，传递过程中无跌落物。地面辅助人员接到接地线后将其放在防潮垫上。

（二）工作终结

（1）操作人员下杆。

（2）清理现场，退场。

（三）工艺要求

10kV杆上装设接地线示意图如图3-1所示。

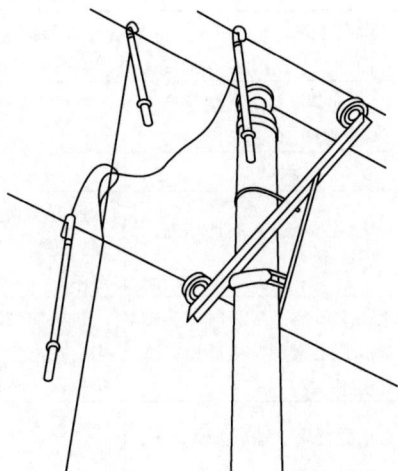

图 3-1　装设接地线

（1）应使用相应电压等级且合格的接触式验电器、绝缘手套和三相短路接地线，接地线截面面积不得小于 $25mm^2$，绝缘手套处于试验合格期内（0.5 年），接地线处于有效试验期内（不超过 5 年），验电器处于有效试验期内（1 年）。

（2）验电前，站位伸手距导线保持 0.7m 的安全距离；验电时，先验近侧、后验远侧，先验下层、后验上层。

（3）验电、装（拆）接地线应使用绝缘棒和绝缘手套。

（4）装设接地线时，应先接接地端，接地桩埋设地下不小于 0.6m，后接导线端，先挂近侧、后挂远侧，先挂下层、后挂上层。接地线应接触良好，连接应可靠。拆接地线的顺序与此相反。

五、实训任务单

挂设接地线　实训任务单

任务执行人	姓名： 学号：	任务监护人	姓名： 学号：	任务签发人	
任务 开始时间	年　月　日 时　　分	任务 结束时间	年　月　日 时　　分	任务地点	实训场地 ××号水泥杆

一、准备阶段

序号	执行步骤			执行结果√
	工作内容		标准及要求	
1	工作 准备	着装	正确佩戴安全帽，穿长袖、长裤工作服，穿薄底软面鞋，戴防护手套	
		工器具	登杆脚扣1对、全身式安全带（含后备保护绳）1套、防坠器1个、监护人袖章1个、10kV接地线1组、铁榔头1把	
		耗材	10kV验电器1个、绝缘手套1双、防潮布1张、5m传递绳1根、工具包1个、脚扣胶皮若干	

序号	工作内容	危险点	预控措施	执行结果√
2	风险管控	防止无关人员进入实训场地，造成人身伤害	所有实训人员进入实训场地后，须关闭实训场地大门，大门要关好，可不上锁	
		防止高空坠物，登杆时，头部与杆身或杆上金具发生碰撞，造成人身伤害	进入实训场地前，必须戴好安全帽，在高空传递物品时，必须使用传递绳，禁止上下抛接物品	
		防止误登杆塔，造成人身伤害	登杆前，仔细核对杆塔称号与任务地点是否相同	
		登杆过程中，电杆断裂或倾倒，造成人身伤害	登杆前，须绕杆检查（杆身有无裂纹、杆根是否牢固、杆的埋深是否符合1∶7的要求）	
		登杆过程中，因工器具失效，造成高空坠落	登杆前，需要对脚扣、安全带、防坠器进行冲击试验	
		防止接地钎尖端伤人	拿取、搬运接地线组时，禁止抛接、跑动、追逐、打闹，不能将接地钎的尖端对着人	
		防止被铁榔头击伤	领取铁榔头后，须认真检查其外观及锤头与手柄结合的紧密程度，禁止拿着铁榔头随意抛接、跑动、追逐、打闹；击打接地钎时，动作规范，击打位置要准确，与锤击点保持0.5m以上安全距离	
		登高动作不熟练或动作不规范，造成高空坠落	双脚离地前，须系好安全带并正确使用速差防坠器	

续表

<table>
<tr><td colspan="4" align="center">二、实施阶段</td><td rowspan="2">执行结果√</td></tr>
<tr><td rowspan="2">序号</td><td colspan="3" align="center">执行步骤</td></tr>
<tr><td align="center">工作内容</td><td colspan="2" align="center">标准及要求</td></tr>
<tr><td>1</td><td rowspan="11">准备工作</td><td colspan="2">检查个人穿戴（戴安全帽、穿工作服、穿防护鞋、戴防护手套）</td><td></td></tr>
<tr><td>2</td><td colspan="2">布置安全围栏，设置安全标示牌（口述）</td><td></td></tr>
<tr><td>3</td><td colspan="2">核对杆号，绕杆检查（杆身有无裂纹、杆根是否牢固、杆的埋深是否符合 1:7 的要求）</td><td></td></tr>
<tr><td>4</td><td colspan="2">对脚扣、安全带、后备保护绳、防坠器进行冲击试验</td><td></td></tr>
<tr><td>5</td><td colspan="2">检查高压验电器、接地线组、传递绳、绝缘手套的外观确定其完好</td><td></td></tr>
<tr><td>6</td><td colspan="2">对验电器进行自检，确定其有效性</td><td></td></tr>
<tr><td>7</td><td colspan="2">检查接地钎入地深度不小于 0.6m，确定其接地性能良好</td><td></td></tr>
<tr><td>8</td><td colspan="2">检查绝缘手套的气密性（在有条件时，最好使用绝缘手套专用充气泵对其进行气密性检测）</td><td></td></tr>
<tr><td>9</td><td colspan="2">系好安全带并扣好防坠器</td><td></td></tr>
<tr><td>10</td><td colspan="2">确定操作人员 1 名、地面辅助人员 1 名、监护人 1 名（监护人须佩戴监护专责袖章）</td><td></td></tr>
<tr><td>11</td><td colspan="2">召开班前会，进行人员分工、危险点分析，并做好预控措施</td><td></td></tr>
<tr><td>12</td><td rowspan="8">工作过程</td><td colspan="2">上、下杆过程中，动作规范、熟练脚扣无虚扣、滑动、松脱、掉落，安全带平直无扭曲，围杆带始终绷直，无抱杆现象，身体重心转换熟练</td><td></td></tr>
<tr><td>13</td><td colspan="2">选择合适工作位置，正确系绑后备保护绳</td><td></td></tr>
<tr><td>14</td><td colspan="2">双手正确佩戴绝缘手套</td><td></td></tr>
<tr><td>15</td><td colspan="2">验电器自检，线路验电操作方法正确（先验中性线、再验相线，先验中相、再验边相），验电结束后，再次进行验电器自检</td><td></td></tr>
<tr><td>16</td><td colspan="2">取下绝缘手套，戴防护手套，使用传递绳传递接地线组，不允许抛接接地线组，传递过程中无跌落物</td><td></td></tr>
<tr><td>17</td><td colspan="2">整个操作过程中，所有物品没有接触到地面，传递过程中，被传递物品未与杆身发生碰撞</td><td></td></tr>
<tr><td>18</td><td colspan="2">接地线装设方法正确，（先挂中性线、再挂相线，先挂中相、再挂边相），逐相挂设，操作熟练</td><td></td></tr>
<tr><td>19</td><td colspan="2">接地线与导线连接可靠、牢固，没有缠绕现象，操作人员身体不得碰触接地线</td><td></td></tr>
<tr><td>20</td><td rowspan="3">清理工作</td><td colspan="2">防坠器收缩到杆顶，不能一直保持拉伸状态</td><td></td></tr>
<tr><td>21</td><td colspan="2">将安全带脱下，放入包中，还原</td><td></td></tr>
<tr><td>22</td><td colspan="2">将工器具还原</td><td></td></tr>
<tr><td colspan="5" align="center">三、验收阶段</td></tr>
<tr><td rowspan="2">自验收</td><td colspan="2">存在问题</td><td colspan="2"></td></tr>
<tr><td colspan="2">改进意见</td><td colspan="2"></td></tr>
</table>

续表

		三、验收阶段	
任务评价	任务完成完整度	存在问题与改进意见	
	任务完成规范度	存在问题与改进意见	
	指导教师签字		

拆除接地线　实训任务单

任务执行人	姓名： 学号：	任务监护人	姓名： 学号：	任务签发人	
任务 开始时间	年 月 日 时 分	任务 结束时间	年 月 日 时 分	任务地点	10kV 配电线路实训场地 ××号水泥杆

一、准备阶段

序号	执行步骤			执行结果√
	工作内容		标准及要求	
1	工作准备	着装	正确佩戴安全帽，穿长袖、长裤工作服，穿薄底软面鞋，戴防护手套	
		工器具	登杆脚扣 1 对、全身式安全带（含后备保护绳）1 套、防坠器 1 个、监护人袖章 1 个、10kV 接地线 1 组、铁榔头 1 把	
		耗材	10kV 验电器 1 个、绝缘手套 1 双、防潮布 1 张、5m 传递绳 1 根、工具包 1 个、脚扣胶皮若干	
2	风险管控	危险点	预控措施	
		防止无关人员进入实训场地，造成人身伤害	所有实训人员进入实训场地后，须关闭实训场地大门，大门要关好，可不上锁	
		防止高空坠物，登杆时，头部与杆身或杆上金具发生碰撞，造成人身伤害	进入实训场地前，必须戴好安全帽，在高空传递物品时，必须使用传递绳，禁止上下抛接物品	
		防止误登杆塔，造成人身伤害	登杆前，仔细核对杆塔称号与任务地点是否相同	
		登杆过程中，电杆断裂或倾倒，造成人身伤害	登杆前，须绕杆检查（杆身有无裂纹、杆根是否牢固、杆的埋深是否符合 1:7 的要求）	
		登杆过程中，因工器具失效，造成高空坠落	登杆前，需要对脚扣、安全带、防坠器进行冲击试验	
		防止接地钎尖端伤人	拿取、搬运接地线组时，禁止抛接、跑动、追逐、打闹，不能将接地钎的尖端对着人	

续表

一、准备阶段		

序号	执行步骤		执行结果√
	工作内容	标准及要求	
2	风险管控	防止被铁榔头击伤	领取铁榔头后，须认真检查其外观及锤头与手柄结合的紧密程度，禁止拿着铁榔头随意抛接、跑动、追逐、打闹；击打接地钎时，动作规范，击打位置要准确，与锤击点保持0.5m以上安全距离	
		登高动作不熟练或动作不规范，造成高空坠落	双脚离地前，须系好安全带并正确使用速差防坠器	

二、实施阶段		

序号	执行步骤		执行结果√
	工作内容	标准及要求	
1	准备工作	检查个人穿戴（戴安全帽、穿工作服、穿防护鞋、戴防护手套）	
2		确认安全围栏及安全标示牌（口述）	
3		核对杆号，绕杆检查（杆身有无裂纹、杆根是否牢固、杆的埋深是否符合1:7的要求）	
4		对脚扣、安全带、后备保护绳、防坠器进行冲击试验	
5		检查传递绳、绝缘手套的外观并确定其完好	
6		检查接地钎入地深度不小于0.6m，确定其接地性能良好	
7		检查绝缘手套的气密性（在有条件时，最好使用绝缘手套专用充气泵对其进行气密性检测）	
8		系好安全带并扣好防坠器	
9		确认接地线挂设位置，核对拆除接地线杆号	
10		确定操作人员1名、地面辅助人员1名、监护人1名（监护人需佩戴监护专责袖章）	
11		召开班前会，进行人员分工、危险点分析，并做好预控措施	
12	工作过程	上、下杆过程中，动作规范、熟练脚扣无虚扣、滑动、松脱、掉落，安全带平直无扭曲，围杆带始终绷直，无抱杆现象，身体重心转换熟练	
13		选择合适工作位置，正确系绑后备保护绳	
14		双手正确佩戴绝缘手套	
15		接地线拆除方法正确，（先拆除相线、再拆除中性线，先拆除边相、再拆除中相），逐相拆除，操作熟练	
16		取下绝缘手套，戴防护手套，使用传递绳传递接地线组，不允许抛接接地线组，传递过程中无跌落物	
17		整个操作过程中，所有物品没有接触到地面，传递过程中，被传递物品未与杆身发生碰撞	
18		监护人须提醒杆上操作人员注意传递绳预留长度	
19		地面辅助人员接到接地线后，将其放在防潮垫上	

续表

二、实施阶段			
序号	执行步骤		执行结果√
	工作内容	标准及要求	
1	清理工作	防坠器收缩到杆顶，不能一直保持拉伸状态	
2		将安全带脱下，放入包中，还原	
3		将所有工器具还原	
三、验收阶段			
自验收	存在问题		
	改进意见		
任务评价	任务完成完整度	存在问题与改进意见	
	任务完成规范度	存在问题与改进意见	
	总体评分		指导教师签字	

六、考核

（一）考核场地

（1）考场可以设在培训专用 10kV 线路上或模拟台区。

（2）配有一定区域的安全围栏。

（3）设置评判桌椅和计时秒表。

（二）考核时间

考核时间为 20min。

（三）考核要点

（1）要求一人操作、一人监护。考生就位，经许可后开始工作，规范穿戴工作服、绝缘鞋、安全帽、手套等。

（2）工器具选用。电工个人工具、登高工具、安全用具、传递绳，并做外观检查。

（3）设备选用。应使用相应电压等级、合格的接地线、绝缘手套和接触式验电器，并检查标签是否在试验期内。

（4）登杆前，明确线路或设备的双重称号并对杆根、杆身、埋深及拉线进行检查。

（5）对登杆工具、安全带进行冲击试验。

（6）登杆动作规范、熟练，验电前，站位伸手距导线保持 0.7m 的安全距离，站位合适，安全带系绑正确。

（7）在验电前，启动验电器，证明其完好，验电方法及顺序正确。

（8）验明线路确无电压后，用传递绳上提接地线，并挂在合适的位置。先接接地端，接地棒深度不小于 0.6m，后接导线端，检查接地桩螺栓是否紧固。按照先近后远的顺序逐相挂设，接地线与导线连接可靠。操作中，人身不碰触接地线，没有缠绕现象，且操作熟练。

（9）拆除接地线与装设接地线操作顺序相反，并用传递绳传递至地面，操作规范熟练。

（10）操作人员下杆并与地面辅助人员配合清理现场。

（11）安全文明生产，超时停止操作，按所完成的内容计分。要求操作过程规范熟练、连贯有序，工器具、设备存放整齐，现场清理干净。

（四）评分参考标准

挂（拆）一组 10kV 线路接地线评分参考标准

班级		学号		任务执行人	
任务签发人		考核地点		考核时间	10min
试题名称		挂（拆）一组 10kV 线路接地线			
考核要点及其要求		（1）给定条件，在培训专用 10kV 线路杆上进行，杆上无障碍； （2）工作环境，现场操作场地及设备已完备； （3）给定线路上其他安全措施已完成			

续表

现场设备、工器具、材料	（1）工器具：电工个人工具、登杆工具、安全用具、传递绳、计时秒表； （2）材料：10kV接地线、绝缘手套、验电器，提供各种规格设备供考核人员选择； （3）考生自备工作服、绝缘鞋
备注	必须在杆上作业

评分标准

序号	作业名称	质量要求	分值	评分标准	扣分原因	得分
1	工器具使用	根据工作需要，选择工器具及安全用具，并作外观检查	5	（1）漏选、错选扣3分； （2）未进行外观检查扣2分		
2	设备选择	选用安全用具应使用相应电压等级、合格的接地线、绝缘手套、验电器，检查试验标签是否在试验期内，并进行外观检查	10	（1）漏选、错选扣2~3分； （2）未进行外观检查扣2~5分		
3	着装、穿戴	工作服、工作鞋、安全帽等穿戴正确	5	（1）不按规定穿着扣5分； （2）穿戴不规范扣2分		
4	登杆前检查	登杆前，明确线路杆位（设备）编号、杆根、杆身及埋深检查，悬挂标示牌	10	（1）未检查扣5分； （2）未挂标示牌扣5分		
5	登杆工具冲击试验	对登杆工具进行冲击试验	5	（1）未进行试冲试拉试验扣5分； （2）试验不规范扣2分		
6	登杆、工作位置确定	登杆动作规范、熟练，保持与线路的安全距离，站位合适，安全带系绑正确	10	（1）登杆不熟练扣1~3分； （2）安全带系绑错误扣5分； （3）站位错误扣2分		
7	验电	在验电前，启动验电器证明其完好，验电方法及顺序正确	10	（1）未验电扣10分； （2）验电未戴绝缘手套扣5分； （3）验电顺序错误扣5分		
8	装设接地线	验明线路确无电压后，用传递绳上提接地线，并放在合适的位置。先接接地端，接地棒深度不小于0.6m，后接导线端，挂接地线时，必须戴绝缘手套，操作顺序正确，接地线与导线连接可靠。操作中，人身不碰触，接地线没有缠绕现象，操作规范	15	（1）接地棒接地不合格扣3分； （2）传递接地线不规范扣1分； （3）未戴绝缘手套扣3分； （4）挂接地线顺序错误扣3分； （5）挂接不可靠扣2分； （6）接地线缠绕扣1分； （7）接地线碰触人身扣2分		
9	拆除接地线	拆地线与挂接地线操作顺序相反，并用传递绳传递至地面，操作规范、熟练	10	（1）拆除接地线顺序错误扣10分； （2）操作不规范扣5分		
10	下杆、清理现场	清查杆上遗留物，操作人员下杆，并与地面辅助人员配合清理现场	10	（1）下杆过程不规范扣3分； （2）现场恢复不彻底扣4分； （3）现场有遗留物扣3分		
11	安全文明生产	操作过程中，无跌落物，规范、文明操作，禁止违章操作，操作熟练、连贯有序	10	（1）不安全行为扣5分； （2）发生一次跌落物扣2分； （3）操作不熟练、不规范扣1~3分； （4）发生恶性违章，本项目考核为零分		
考试开始时间			考试结束时间		合计	

七、素质拓展

（1）在 10kV 架空线路电杆上完成挂接地线时，A、B、C 三相接地线的挂接顺序是什么？挂接的原则是什么？

（2）拆接地线的顺序是什么？

项目四

导线在绝缘子上的绑扎

一、项目目标

能按照作业任务要求正确选择安全用具、作业工器具及材料，遵照安全操作规程，完成登杆绑扎绝缘导线和剥削导线绝缘层的操作任务。掌握导线在绝缘子上的三种绑扎方法及主要技术要求。能在结束操作任务后完成作业现场清扫与整理。

二、工器具、材料准备

（1）工器具：电工常用工具 1 套，安全遮栏 1 套，标示牌"从此进出！" 1 块、"在此工作！" 4 块。

（2）材料：LGJ-35 导线若干、直径不小于 2.0mm 铝绑线若干、10×1mm 铝包带若干、针式绝缘子和蝶式绝缘子各 1 只、绝缘自粘带若干。

三、知识准备

（一）安全要求

（1）现场设置遮栏、标示牌。

（2）室外施工应在良好天气下进行，室内施工应具备照明、通风、降温条件。

（3）施工过程中，确保人身安全。

（二）施工要求

（1）根据工作任务，选择工器具、材料。

（2）现场安全设施的设置要求正确、完备。安全遮栏设置，在施工人员出入口向外悬挂"从此进出！"标示牌，在遮栏四周向外悬挂"在此工作！"标示牌。

（3）独立完成。

四、项目步骤

（一）顶槽绑扎

1. 固定绝缘子

绝缘子安装前，应进行核对与外观检查。型号规格是否与施工图一致；金属部分有无锈蚀、弯曲，螺母与螺杆螺纹是否匹配，是否牢固、垂直安装在瓷件内；釉面是否光滑，瓷面有无破损。

绝缘子应牢固安装在横担或杆顶支架上。绝缘子顶槽与直线杆导线、小转角杆转角平分线平行。每只绝缘子均应使用垫片、弹簧垫，其规格大于螺杆一个等级。在无弹簧垫的情况下，加装一个防滑螺母。

2. 缠绕铝包带

为避免 LGJ、LJ 型导线在绝缘子上的绑扎处可能因长期振动而造成损伤，LGJ、LJ 型导线在固定前，缠绕 10×1mm 铝包带。

取适当长度铝包带盘成小圆盘，由两端对卷。铝包带应围绕两层，内层由导线绑扎处中间分别向两端缠绕，如图 4-1 所示。

当内层一端缠绕至相应位置后，再回头向中点完成外层的缠绕，如图 4-2 所示。

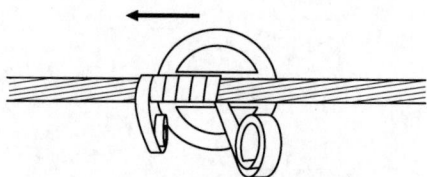

图 4-1　铝包带缠绕步骤 1

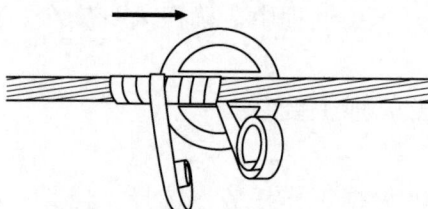

图 4-2　铝包带缠绕步骤 2

一端缠绕完成后，用同样的方法完成另一端的缠绕，如图 4-3 所示。分别剪去端头多余部分，并将断头压在导线绑扎中点处靠绝缘子的内侧。完成后如图 4-4 所示。

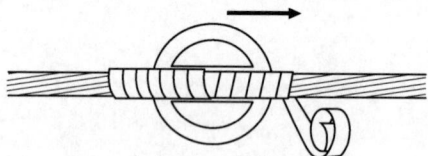

图 4-3　铝包带缠绕步骤 3

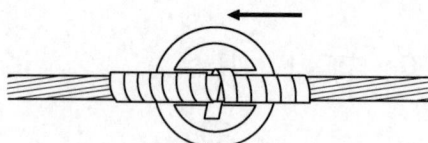

图 4-4　铝包带缠绕步骤 4

铝包带缠绕的具体要求如下：

（1）铝包带缠绕方向与导线外层扭向一致。

（2）铝包带缠绕长度为导线绑扎后两侧各露出 20～30mm。

（3）铝包带缠绕应紧密排列、平整。

（4）铝包带尾端必须压在导线与绝缘子接触处内侧。

3. 绑线选用

中、低压配电架空线路导线在直线杆、小转角杆绝缘子上固定，普遍采用绑线缠绕法。绑线材质与导线一致。其规格根据导线截面面积而定。绑扎线直径不小于 2.0mm。

4. 导线绑扎

导线在绝缘子上的绑扎方式有两种，即顶槽绑扎和颈槽绑扎。杆型为直线杆时，导线在绝缘子顶槽绑扎方法一般采用"2、4、6"法，即绝缘子顶槽、颈槽、两端导线分别绑扎 2、4、6 匝，顶槽的 2 形成十字叉。所以，顶槽"2、4、6"法则又称顶槽"单十字"法。

为方便操作，导线绑扎前，首先将绑线盘绕成圈。将绑线绕成直径不小于 2mm 小圈套在右手大拇指上，顺序由内向外将绑线依次绕圈，多余绑线在绑扎留头时满足要求即可。

（1）导线在绝缘子顶槽"单十字"法的具体操作步骤如下。

1）在绑扎处的导线上缠绕铝包带（若是铜绞线则不缠铝包带），把绑线盘成一个圆盘，留出一个短头，其长度约250mm，用短头在绝缘子侧面的导线上绕3圈，方向是从导线外侧经导线上方绕向导线内侧，如图4-5（a）所示。

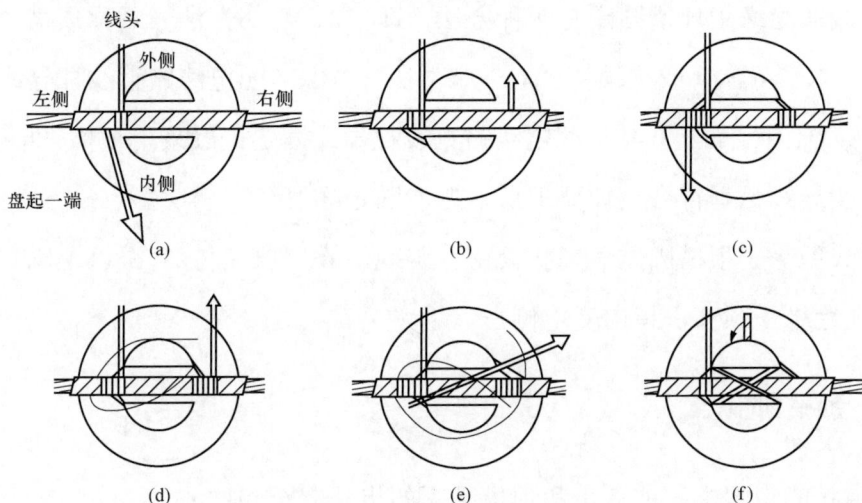

图4-5 针式绝缘子直线杆顶槽绑扎法

2）用盘起来的绑线在绝缘子颈内侧绕到绝缘子右侧的导线上绑3圈，其方向是从导线下方经外侧绕向上方，如图4-5（b）所示。

3）然后，用盘起来的绑线在绝缘子颈外侧绕到绝缘子左侧导线上，并再绑3圈，其方向是由导线下方经内侧绕到导线上方，如图4-5（c）所示。

4）再把盘起来的绑线自绝缘子颈内侧绕到绝缘子右侧的导线上，并再绑3圈，其方向是由导线下方经外侧绕到导线上方，如图4-5（d）所示。

5）把盘起来的绑线自绝缘子外侧绕到绝缘子左侧导线下面，并自导线内侧绕上来，经过绝缘子顶部交叉压在导线上；然后，从绝缘子右侧导线外侧绕到绝缘子颈内侧，并从绝缘子左侧的导线下侧经过导线外侧上来，经绝缘子顶部第二次交叉在导线上，如图4-5（e）所示。

6）把盘起来的绑线从绝缘子右侧的导线内侧，经下方绕到绝缘子颈外侧与绑线短头一并在绝缘子外侧中间拧一小辫，将多余绑线剪断，并将小辫压平。针式绝缘子直线杆顶槽绑扎法，如图4-5（f）所示。

（2）导线在绝缘子顶槽"双十字"法的具体操作过程如下。

按照顶槽"双十字"法完成图4-5（e）双线所示后，继续按图4-5（b）、图4-5（c）箭头方向进行，最后依据图4-5（d）箭头方向所示进行及按图4-5（e）所示收辫。

（3）注意事项。

1）导线在绝缘子顶槽固定有两种方法，即"2、4、6"法（或称顶槽"单十字"法）和"4、7、9"法（或称顶槽"双十字"法）。10kV配电线路直线杆导线固定一般采用顶槽"双十字"法，0.4kV配电线路直线杆导线固定一般采用顶槽"单十字"法。

2）核实导线弧垂符合设计要求后，方能固定导线。

3）针式绝缘子顶槽固定，绑扎紧密、美观。收尾保证扎3个以上麻花辫，绑线尾线平放在绝缘子颈部，指向受电侧。

（二）颈槽绑扎

颈槽绑扎的步骤中，前三步和顶槽绑扎的步骤完全相同。

第一步：固定绝缘子。

第二步：缠绕铝包带。

第三步：绑线选用。

第四步：导线绑扎。

（1）导线在绝缘子颈槽"单十字"法的具体操作步骤如下。

1）在绑扎处的导线上缠绕铝包带，铜绞线则不缠铝包带。把绑线盘成一个圆盘，在绑线的一端留出一个短头，其长度为250mm左右，用绑线的短头在绝缘子左侧的导线上绑三圈，方向是自导线外侧经导线上方绕向导线内侧，如图4-6（a）所示。

2）用盘起来的绑线自绝缘子颈内侧绕过，绕到绝缘子右侧导线上并绑三圈，方向是自导线下方绕到导线外侧，再到导线上方，如图4-6（b）所示。

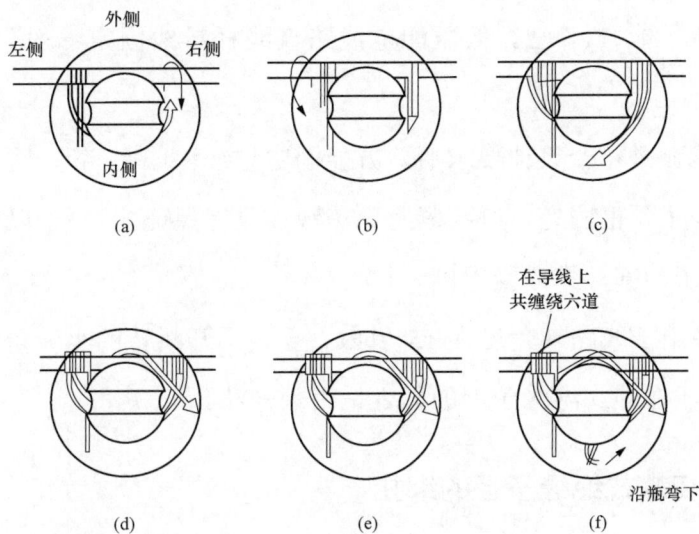

图 4-6 针式绝缘子、瓷横担、蝶式绝缘子颈扎法

3）用盘起来的绑线，从绝缘子颈内侧绕回到绝缘子左侧导线上并绑三圈，方向是自导线下方经过外侧绕到导线上方，然后再经过绝缘子颈内侧回到绝缘子右侧导线上，再绑三圈，方向是从导线下方经外侧绕到导线上方，如图 4-6（c）所示。

4）用盘起来的绑线自绝缘子颈内侧绕过，绕到绝缘子左侧导线下方，并自绝缘子左侧导线外侧经导线下方绕到右侧导线上方，如图 4-6（d）所示。

5）在绝缘子右侧上方的绑线经颈内侧绕回到绝缘子左侧经导线上方由外侧绕到绝缘子右侧导线下方回到导线内侧；这时，绑线已在绝缘子外侧导线上压了一个"×"字，如图 4-6（e）所示。

6）将压完"×"字的绑线端头绕到绝缘子颈内侧中间，与绑线短头并拧成一小辫，剪去多余绑线，并将小辫沿瓶弯下压平。导线在转角杆上的绑扎固定方法，如图 4-5 所示。

（2）导线在绝缘子颈槽"双十字"法的具体操作步骤如下。

颈槽"双十字"法在完成图 4-5（d）双线所示后，继续按图 4-5（b）、图 4-5（c）箭头方向所示进行，最后依据图 4-5（d）箭头方向所示进行及按图 4-5（e）所示收辫。

（3）注意事项。

1）导线在绝缘子颈槽固定有两种方法，即"2、6、7"法（或称颈槽"单十字"法）和"4、9、11"法（或称颈槽"双十字"法）。10kV 配电线路直线杆导线固定一般采用颈槽"4、9、11"法，低压配电线路直线杆导线固定一般采用颈槽"2、6、7"法。

2）核实导线弧垂符合设计要求后，方能固定导线。

3）针式绝缘子颈槽固定，绑扎紧密、美观。收尾保证扎 3 个以上麻花辫，绑线尾线平放在绝缘子颈部，指向受电侧。

4）颈槽法多用于线路转角度在 15°以内、导线不开断转的小转角杆；低压配电线路直线杆中，导线在蝶式绝缘子上的固定采用颈槽法。

（三）导线在蝶式绝缘子上的绑扎

1. 导线绑扎

终端绑扎法适用于导线固定在蝶式绝缘子上，其施工步骤如下。

（1）紧线、导线弧垂调整符合施工工艺要求后，将导线在绝缘子嵌线槽内缠绕一周。导线与绝缘子接触部分，用宽 10mm、厚 lmm 的软铝包带缠上（铜绞线不缠铝包带）。

（2）所用绑线直径和绑扎长度如表 4-1 所示。

表 4-1　　　　　　　　　　绑线直径和绑扎长度

导线种类	导线规范	绑线直径（mm）	绑扎长度（mm）
单股线直径（mm）	直径 3.2 以下	2.0	40
	直径 3.2～3.53	2.0～2.3	60
	直径 4.0	2.0～2.3	80
多股线截面面积（mm²）	5.0	2.0～2.3	100
	16～25	2.0～2.3	100
	35～50	2.5～3.0	120
	70	2.5～3.0	150

（3）把绑线盘成圆盘，在绑线一端留出一个短头，长度比绑扎长度多 50mm。

（4）把绑线短头夹在导线与折回导线中间凹进去的地方，然后用绑线在导线上绑扎。

（5）绑扎到规定长度后，与短头拧 2～3 个绞合，成一小辫并压平在导线上。

（6）把导线端部折回，压在绑线上。导线在蝶式绝缘子上的绑扎固定如图 4-7 所示。

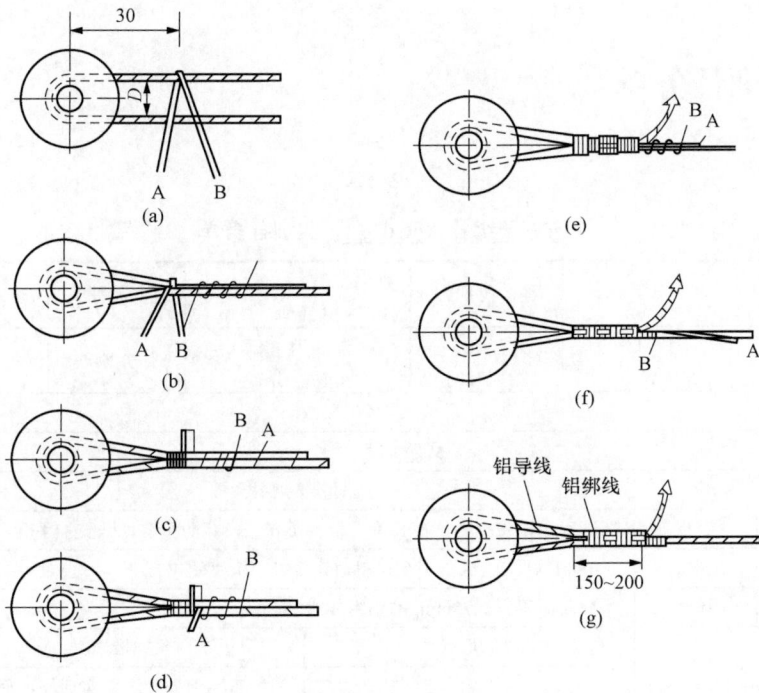

图 4-7　导线在蝶式绝缘子上的绑扎固定

2. 注意事项

（1）放线过程中，加强对绝缘导线绝缘层的保护，且施工前对绝缘线、金具、绝缘子等材料做外观检查，确保所选用材料符合设计和规程要求。

（2）导线在绝缘子上的绑扎应绑得很紧，使导线不得滑动。但不应使导线过分弯曲，否则不但损伤导线，还可因导线张力破坏绑线。

（3）导线为绝缘导线时，应使用带包皮的绑线；导线为裸导线时，可用与导线材料相同的裸绑线。但铝合金线应使用铝线，铝镁合金线不能做绑线使用。

（4）绑扎时，应注意防止碰伤导线和绑线。绑扎铝线时，只许用钳子尖夹住绑线，不得用钳口夹绑线。

（5）绑线在绝缘子颈槽内应按顺序排开，不得互相压在一起。

（6）铝包带应包缠紧密无空隙，但不应相互重叠，铝包带在导线弯曲的外侧允许有些空隙。铝包带包缠方向需与导线外层线股绕向一致。

五、实训任务单

绝缘子绑扎（顶槽）　实训任务单

任务执行人	姓名： 学号：	任务监护人	姓名： 学号：	任务签发人	
任务 开始时间	年 月 日 时 分	任务 结束时间	年 月 日 时 分	任务地点	

一、准备阶段

序号	执行步骤			执行结果√
	工作内容		标准及要求	
1	工作 准备	着装	正确佩戴安全帽，穿长袖、长裤工作服，穿防护鞋，戴防护手套	
		工器具	0.4kV 针式绝缘子 1 个、斜口钳 1 把、尖嘴钳 1 把	
		耗材	截面面积为 2.75mm^2 的铝绑线为 2.5m	
2	风险管控	危险点	预控措施	
		无关人员进入实训场地，造成人身伤害	所有实训人员进入实训场地后，关闭实训场地大门，大门要关好，可不上锁	
		高空坠物，造成人身伤害	进入实训场地前，必须戴好安全帽	
		手部受伤，造成伤口感染	实训前，必须戴好防护手套，并正确使用工具，禁止抛接工器具	
		人员在实训场内意外受伤	所有进入实训场内的人员，必须听从指导教师的安排，在教师指定的地方作业或休息，禁止在实训场内互相追逐、嬉戏、打闹	
		铝绑线端头尖锐部分弄伤他人	领取铝绑线后，禁止抛接铝绑线，禁止拿着铝绑线跑动、追逐、打闹，禁止将铝绑线的尖端对着人；相邻工位之间应保持一定安全距离	

二、实施阶段

序号	执行步骤		执行结果√
	工作内容	标准及要求	
1	绑扎前准备工作	检查个人穿戴（戴安全帽、穿工作服、穿防护鞋、戴防护手套）	
2		布置安全围栏，设置安全标示牌（口述）	
3		检查绝缘子安装是否牢固	
4		裁剪好 2.5m 铝绑线，并弯成直径 10～15cm 的圆圈，端部留出 30cm	
5		对绝缘子、铝绑线、工器具检查	
6	绑扎过程	通过观看视频学习采用"2、4、6"法，即绝缘子顶槽、颈槽、两端导线分别绑扎 2、4、6 匝，顶槽的 2 形成十字叉	
7		首绕三要素正确，将绑线留出长度为不小于绝缘子颈槽周长 2/5 尾线，绑扎线放在导线下方、短头端部指向工位、缠绕方向与导线外层绞制方向一致	

续表

二、实施阶段			
序号	执行步骤		执行结果√
序号	工作内容	标准及要求	执行结果√
8	绑扎过程	将铝绑线端在绝缘子右侧（首绕侧）导线下方自绝缘子颈外侧穿入，绕到导线上方，在导线上缠绕 3 圈，再将铝绑线端由绝缘子颈外侧绕到绝缘子另一侧导线的下方，在另一侧导线上缠绕 3 圈	
9	绑扎过程	"单十字"法绑扎正确，将铝绑线端自绝缘子颈的内侧绕到首绕侧导线下方，穿向导线外侧向上，经过绝缘子顶部交叉压住导线；然后，向下经过导线、由颈外侧绕到首绕侧导线下方，经过绝缘子顶部交叉压住导线	
10	绑扎过程	将铝绑线端经导线下方、绝缘子颈内侧绕到首绕端，经导线下方缠绕 3 圈；然后铝绑线端经绝缘子颈外侧绕到左侧导线下方，缠绕 3 圈；缠绕长度两端各大于绑扎点 30 ㎜	
11	绑扎过程	将铝绑线端从绝缘子左侧经其颈内侧、右侧导线下方、绝缘子颈外侧、绝缘子左侧导线下方绕 1 圈，与短头在绝缘子颈内侧中间拧一小辫（5～7 个麻花辫），剪断余绑线并将小辫压平	
12	绑扎过程	绑扎牢固紧密、美观，不能松动	
13	绑扎后清理工作	清理剪下的铝绑线	
14	绑扎后清理工作	整理好工器具并交还原位	

三、验收阶段		
自验收	存在问题	
自验收	改进意见	
任务评价	任务完成完整度	存在问题与改进意见
任务评价	任务完成完整度	
任务评价	任务完成规范度	存在问题与改进意见
任务评价	任务完成规范度	
任务评价	指导教师签字	

绝缘子绑扎（颈槽） 实训任务单

任务执行人	姓名： 学号：	任务监护人	姓名： 学号：	任务签发人	
任务 开始时间	年 月 日 时 分	任务 结束时间	年 月 日 时 分	任务地点	实训场

一、准备阶段

序号	执行步骤			执行结果√
	工作内容		标准及要求	
1	工作 准备	着装	正确佩戴安全帽，穿长袖、长裤工作服，穿防护鞋，戴防护手套	
		工器具	0.4kV 针式绝缘子 1 个、斜口钳 1 把、尖嘴钳 1 把	
		耗材	截面积为 2.75mm^2 的铝绑线为 2.7m	
2	风险管控	危险点	预控措施	
		防止无关人员进入实训场地，造成人身伤害	所有实训人员进入实训场地后，关闭实训场地大门，大门要关好，可不上锁	
		防止高空坠物，造成人身伤害	进入实训场地前，必须戴好安全帽	
		防止手部受伤，造成伤口感染	实训前，必须戴好防护手套，并正确使用工具，禁止抛接工器具	
		防止人员在实训场内意外受伤	所有进入实训场内的人员，必须听从指导教师的安排，在教师指定的地方作业或休息，禁止在实训场内互相追逐、嬉戏、打闹	
		防止铝绑线端头尖锐部分弄伤他人	领取铝绑线后，禁止抛接铝绑线，禁止拿着铝绑线跑动、追逐、打闹，禁止将铝绑线的尖端对着人；相邻工位之间应保持一定安全距离，不可靠得太近	

二、实施阶段

序号	执行步骤		执行结果√
	工作内容	标准及要求	
1	绑扎前准备工作	检查个人穿戴（戴安全帽、穿工作服、穿防护鞋、戴防护手套）	
2		布置安全围栏，设置安全标示牌（口述）	
3		检查绝缘子安装是否牢固	
4		裁剪好 2.5m 铝绑线，并弯成直径 10～15cm 的圆圈，端部留出 30cm	
5		对绝缘子、铝绑线、工器具检查	
6	绑扎过程	通过观看视频学习采用"2、6、7"法，即绝缘子外颈槽、内颈槽、两端导线分别绑扎 2、6、7 匝，外颈槽的 2 匝形成十字叉	
7		首绕三要素正确，将绑线留出长度为不小于绝缘子颈槽周长 3/5 尾线，放在导线下方、短头端部指向工位、缠绕方向与导线外层绞制方向一致	
8		将铝绑线端由绝缘子右侧（首绕侧）导线下方自绝缘子颈外侧绕入，绕到导线上方，使铝绑线端在导线上缠绕 3 圈，将铝绑线端自绝缘子颈内侧短头处，绕到绝缘子左侧导线下方向上方，在左侧导线上缠绕 3 圈	
9		"单十字"法绑扎正确，把铝绑线端自绝缘子颈内侧绕到首绕侧，从导线上方从绝缘子颈外侧交叉压在导线上，然后从绝缘子左侧导线下方穿向绝缘子颈内侧、首绕侧导线下方，在绝缘子颈外侧交叉压导线由上方引出	

二、实施阶段			
序号	执行步骤		执行结果√
	工作内容	标准及要求	
10	绑扎过程	铝绑线端经绝缘子颈内侧绕过导线下方，分别在首绕侧、对侧导线上各缠绕 3 圈，缠绕长度两端各大于绑扎点 30 mm	
11		把铝绑线端在绝缘子颈的导线下方绕 1 圈，最后将铝绑线端与短头在绝缘子颈内侧中间拧一小辫（5～7 个麻花辫），剪去多余部分压平	
12		绑扎牢固紧密、美观，不能松动	
13	绑扎后清理工作	清理剪下的铝绑线	
14		整理好工器具并交还原位	

三、验收阶段			
自验收	存在问题		
	改进意见		
任务评价	任务完成完整度	存在问题与改进意见	
	任务完成规范度	存在问题与改进意见	
	指导教师签字		

六、考核

（一）考核场地

（1）场地面积能同时满足多项目、多个工位，工位间保持合适的距离，设置 2 套评判桌椅和计时秒表。

（2）室内场地应有照明、通风或降温设施。

（3）工位间应有隔离措施，防止相互干扰。

（二）考核时间

（1）考核时间为10min。

（2）选用工器具、设备、材料时间为5min，时间到停止选用。

（3）许可开工后，记录考核开始时间。

（4）现场清理完毕后，汇报工作终结，记录考核结束时间。

（三）考核要点

（1）绝缘子选用。

（2）绑线选用。

（3）裸导线在绝缘子中的固定工艺。

（4）安全文明生产。

（四）评分参考标准

导线在针式绝缘子顶槽的固定评分考核标准

班级		学号		任务执行人	
任务签发人		考核地点		考核时间	10min
试题名称		导线在针式绝缘子顶槽的固定			
考核要点及其要求	（1）按规范要求着装； （2）绑线选用； （3）裸导线在绝缘子中的固定工艺； （4）安全文明生产； （5）地面作业，独立完成				
现场设备、工器具、材料	（1）工器具：电工常用工具1套，安全遮栏1套，标示牌"从此进出！"1块、"在此工作！"4块； （2）材料：P-15T或PS-30/15绝缘子若干，LGJ-35导线若干，直径不小于2.0mm铝绑线若干，10×1mm铝包带若干； （3）安全用具：绝缘鞋、安全帽、线手套				
备注	考生自备工作服				

评分标准

序号	作业名称	质量要求	分值	扣分标准	扣分原因	得分
1	着装	正确佩戴安全帽，穿工作服、绝缘鞋	5	（1）未按规范着装扣5分； （2）着装不规范扣2分		
2	工器具、材料选择	（1）工器具、材料选用齐全； （2）绑线材质与导线一致，绑线直径不小于2.0mm，盘成小圆盘	5	（1）漏选、错选或有缺陷扣2分； （2）材质或规格错误扣2分； （3）未盘成小圆盘扣1分		

续表

评分标准

序号	作业名称	质量要求	分值	扣分标准	扣分原因	得分
3	现场安全布置	遮栏出入口悬挂"从此进出！"标示牌，四周向外悬挂"在此工作！"标示牌	5	（1）未设置遮栏扣2分； （2）未挂标示牌扣2分； （3）标示牌漏挂扣1分		
4	绝缘子安装	安装前，核对型号规格，外观检查合格，顶槽方向与导线平行，使用弹簧垫或防滑螺母	15	（1）未核对扣5分； （2）未进行外观检查扣4分； （3）顶槽方向不正确扣3分； （4）未用弹簧垫或防滑螺母扣3分		
5	缠绕铝包带	（1）盘成小圆盘； （2）外层扭向一致，缠绕2层； （3）紧密、平整，超出绑线20～30cm； （4）端部压在导线与绝缘子接触处	25	（1）未盘成小圆盘扣4分； （2）缠绕方向错误扣4分；； （3）缠绕不紧密、不平滑扣4分； （4）不足或超出范围扣4分； （5）首尾端处理不妥扣4分		
6	导线绑扎	（1）绑线盘成小圆盘； （2）检查导线弧垂情况； （3）尾端指工位，绑线在导线下方，方向与外层一致，下方进入（四要素）； （4）"2、4、6"法绑扎； （5）匝间紧密、平整，垂直导线； （6）绑线收尾适当； （7）平放绝缘子颈部，指向受电侧； （8）无松动现象	35	（1）未盘成小圆盘扣4分； （2）未检查弧垂扣3分； （3）四要素错误扣4分； （4）绑扎方法或行线过程错误扣4分； （5）缠绕不紧密、不平滑扣4分； （6）收尾方位或方向错误扣4分； （7）出现松动扣4分； （8）绑线剩余超过300mm扣3分		
7	文明安全生产	（1）站在混凝土杆根部； （2）清理、还原工器具，摆放整齐； （3）清理场地	10	（1）清理不彻底扣3分； （2）未清洁处理扣3分； （3）工器具未清理或摆放不整齐扣2分； （4）工位不正确扣2分； （5）发生恶性违章，本项目考核为零分		
考试开始时间			考试结束时间		合计	

导线在针式绝缘子颈槽的固定评分考核标准

班级		学号		任务执行人	
任务签发人		考核地点		考核时间	10min
试题名称	导线在针式绝缘子颈槽的固定				
考核要点及其要求	（1）按规范要求着装； （2）绑线选用； （3）裸导线在绝缘子中的固定工艺； （4）安全文明生产； （5）地面作业，独立完成				

现场设备、工器具、材料	（1）工器具：电工常用工具1套，安全遮栏1套，标示牌"从此进出！"1块、"在此工作！"4块； （2）材料：P-15T或PS-30/15绝缘子若干，LGJ-35导线若干，直径不小于2.0mm铝绑线若干，10×1mm铝包带若干； （3）安全用具：绝缘鞋、安全帽、线手套
备注	考生自备工作服

评分标准

序号	作业名称	质量要求	分值	评分标准	扣分原因	得分
1	着装	正确佩戴安全帽，穿工作服、绝缘鞋	5	（1）未按规范着装扣5分； （2）着装不规范扣2分		
2	工器具、材料选择	（1）工器具、材料选用齐全； （2）绑线材质与导线一致，绑线直径不小于2.0mm，盘成小圆盘	5	（1）漏选、错选或有缺陷扣2分； （2）材料或规格错误扣2分； （3）未盘成小圆盘扣1分		
3	现场安全布置	遮栏出入口悬挂"从此进出！"标示牌，四周向外悬挂"在此工作！"标示牌	5	（1）未设置遮栏扣2分； （2）未挂标示牌扣2分； （3）标示牌漏挂扣1分		
4	绝缘子安装	安装前，核对型号规格，外观检查合格，顶槽方向与导线平行，使用弹簧垫或防滑螺母	15	（1）未核对扣5分； （2）未进行外观检查扣4分； （3）顶槽方向不正确扣3分； （4）未用弹簧垫或防滑螺母扣3分		
5	缠绕铝包带	（1）盘成小圆盘； （2）外层扭向一致，缠绕2层； （3）紧密、平整、超出绑线20~30cm； （4）端部压在导线与绝缘子接触处	25	（1）未盘成小圆盘扣4分； （2）缠绕方向错误扣4分； （3）缠绕不紧密、不平滑扣4分； （4）不足或超出范围扣4分； （5）首尾端处理不妥扣4分		
6	导线绑扎	（1）绑线盘成小圆盘； （2）检查导线弧垂情况； （3）尾端指内角侧，绑线在导线下方，方向与外层一致，下方进入（四要素）； （4）"2、6、7"法绑扎； （5）匝间紧密、平整，垂直导线； （6）绑线收尾适当； （7）平放绝缘子颈部，指向受电侧； （8）无松动现象	35	（1）未盘成小圆盘扣4分； （2）未检查弧垂扣3分； （3）四要素错误扣4分； （4）绑扎方法或行线过程错误扣4分； （5）缠绕不紧密、不平滑扣4分； （6）收尾方位或方向错误扣4分； （7）出现松动扣4分； （8）绑线剩余超过300mm扣3分		
7	文明安全生产	（1）站在混凝土杆根部； （2）清理、还原工器具，摆放整齐； （3）清理场地	10	（1）清理不彻底扣3分； （2）未清洁处理扣3分； （3）工器具未清理或摆放不整齐扣2分； （4）工位不正确扣2分； （5）发生恶性违章，本项目考核为零分		
考试开始时间			考试结束时间		合计	

七、素质拓展

（1）在进行绝缘子绑扎作业时，为了防止尖锐工器具、材料伤人，都有哪些安全防范措施？

（2）铝包带缠绕的要求有哪些？

项目五

10kV 线路直线杆附件的组装

一、项目目标

掌握并能选择正确的 10kV 线路直线杆附件组装所需使用的安全用具、作业工器具和材料，能正确规范地进行并完成配电架空线路直线杆附件安装操作，并在结束操作任务后完成作业现场清扫与整理。

二、工器具、材料准备

（1）工器具：电工个人工具，传递绳、登杆工具、安全带、标示牌、线手套、安全用具等。

（2）材料：横担、U 形抱箍、顶支架、绝缘子及金具等，材料规格型号与杆型相匹配。

三、知识准备

（一）安全要求

（1）防触电伤人。登杆前，作业人员应核准线路的双重称号后，方可工作。注意临近电源的安全距离。

（2）防倒杆伤人。登杆前，检查杆根、杆身、埋深是否达到要求，拉线是否紧固。在人道口、人员密集区设置安全围栏、标示牌。

（3）防高空坠落。登杆前，要检查登杆工具是否在试验期限内，对脚扣和安全带做冲击试验。高空作业中，安全带应系在牢固的构件上，并系好后备保护绳，确保双重保护。转向移位穿越时，不得失去一重保护。作业时，不得失去监护。

（4）防坠物伤人。作业现场人员必须戴好安全帽，严禁在作业点正下方逗留。杆上作业要用传递绳索传递工具材料，严禁抛掷。

四、项目步骤

（一）准备工作

（1）规范着装。

（2）选择工器具。

（3）选择材料。

（二）工作过程

（1）登杆前检查。

（2）登杆工具冲击试验。

（3）登杆及站位。

（4）安装横担。

10kV 线路直线杆横担组装示意图如图 5-1 所示。

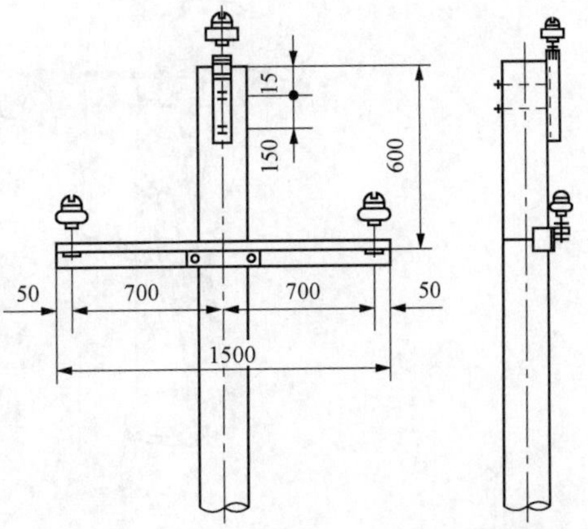

1）单横担应装于受电侧，应牢固安装在电杆上，并与电杆垂直，上层横担距杆顶的距离一般为 200～300mm。

2）当线路为多层排列时，自上而下的顺序

单位：mm

图 5-1 10kV 线路直线杆横担组装示意图

为，高压、动力、照明、路灯。单横担安装示意图如图 5-2 所示。双横担和头铁安装示意图如图 5-3 所示。

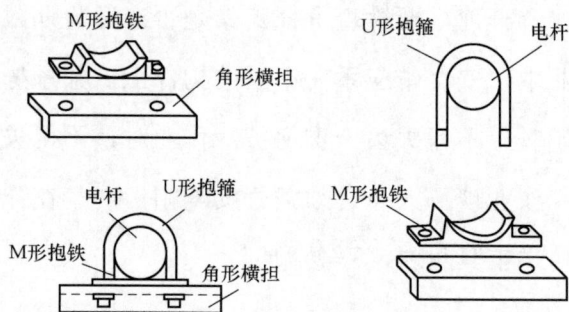

图 5-2　单横担安装示意图

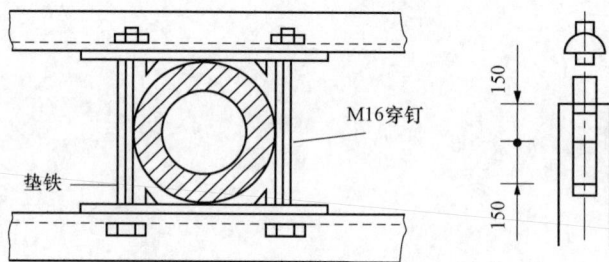

图 5-3　双横担和头铁安装示意图

3）横担组装应平整，端部上下歪斜和左右扭斜不应大于 20mm。

4）杆顶支架型号与杆型匹配，安装方向正确，紧固。

5）绝缘子顶槽与线路平行，安装完毕后清扫。单横担安装步骤如图 5-4 所示。

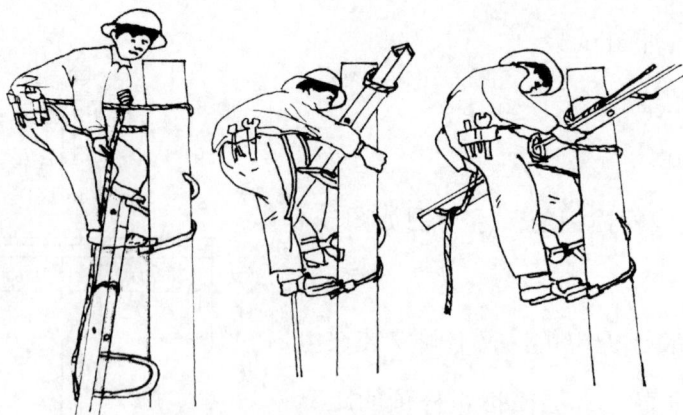

图 5-4　单横担安装步骤

6）螺栓穿向的规定。

a. 螺栓通过各部件的中心线，螺杆应与构件面垂直，螺母平面与构件间不应有间隙。

b. 螺母紧好露出的螺杆长度，单螺母不应少于两个螺距。当必须加垫圈时，每端垫圈不应超过两个。

c. 螺栓穿入方向为：顺线路方向穿入者应一律由送电侧穿入，横线路方向的螺栓，面向电源侧，由左向右穿入；垂直地面的螺栓由下向上穿入。

（5）安装杆顶支架。

（6）绝缘子安装。

10kV针式绝缘子安装步骤如下：

1）绝缘子测试，用2500V绝缘电阻表测得绝缘电阻达到500MΩ以上。

2）按规定要求进行绝缘子的安装，附加两个平垫片双螺母拧紧，绝缘子正直，绝缘子顶槽与横担垂直。

3）裸导线要附加铝包带，绝缘线要缠绕绝缘胶带两层，第一层顺导线绞向缠绕，一般在扎线边外留有20～30cm为宜。

4）针式绝缘子按顶槽绑扎法绑扎，绑扎紧密、美观。

5）收尾时保证扎3个以上麻花辫，尾端挡在绝缘子上唇里边。

（三）工作终结

（1）清查杆上遗留物，操作人员下杆。

（2）清理现场，自查验收，退场。

五、考核

（一）考核场地

（1）考场可以设在培训专用线路的直线杆上，杆上无障碍，不少于两个工位。

（2）给定线路上安全措施已完成，配有一定区域的安全围栏。

（3）设置评判桌椅和计时秒表、装订机、计算器。

（二）考核时间

考核时间为 30min。

（三）考核要点

（1）要求一人操作、一人监护，考生就位，经许可后开始工作，工作服、工作鞋、安全帽等穿戴规范。

（2）工器具选用满足施工需要，工器具做外观检查。

（3）选择材料规格型号要与线路的电压等级及杆型相匹配。材料做外观检查。

（4）登杆前，明确线路名称、杆位编号、杆根、杆身及埋深的检查，并悬挂标示牌。

（5）对登杆工具脚扣（或踩板）、安全带进行冲击试验。

（6）登杆动作规范、熟练，站位合适，传递绳、安全带系绑正确。横担必须用传递绳传递，规范使用绳结，传递过程中不发生碰撞，横担安装符合标准。

（7）杆顶支架安装正确，螺栓穿向正确，紧固。

（8）绝缘子安装正确，顶槽与线路平行，各绝缘子安装垂直并附加平垫片、弹簧片拧紧，要求用抹布清扫绝缘子。

（9）清查杆上遗留物，操作人员下杆，并与地面辅助人员配合按要求清理现场。

（10）安全文明生产，按规定时间完成，时间到后停止操作。节约时间不加分，超时停止操作，按所完成的内容计分，未完成部分均不得分，在施工过程中全程不能失去安全带保护，必须全程戴手套，在施工中不允许用金属物敲击横担，不能出现高空落物，工器具、材料不随意乱放。

（11）10kV 配电线路直线杆组装需办理的相关手续（现场勘察记录、施工作业票、危险点分析控制卡）和其他应采取的安全措施（施工前，悬挂标示牌和装设围栏、班前会，工作结束后，班后会、办理终结手续），适当情况下可以通过口述作为附加内容。

（四）评分参考标准

10kV 线路直线杆组装评分参考标准

班级		学号		任务执行人	
任务签发人		考核地点		考核时间	30min
试题名称	10kV 线路直线杆组装				
考核要点及要求	（1）给定条件：考场设在培训专用线路 190m×10m 或 150m×10m 的直线杆上，杆上无障碍； （2）工作环境：现场操作场地及设备材料已完备； （3）给定线路上安全措施已完成，配有一定区域的安全围栏； （4）检查直线杆组装是否正确及工艺是否完好				
现场设备、工器具、材料	（1）工器具：常用电工工具、脚扣（踩板）、安全帽（一红二蓝）、安全带、标示牌、线手套、传递绳、计时秒表； （2）材料：横担、U 形抱箍、绝缘子及金具等，提供各种规格材料供考核人员选择； （3）考生自备工作服、绝缘鞋，可以自带个人工具				
备注					

评分标准

序号	作业名称	质量要求	分值	评分标准	扣分原因	得分
1	着装	工作服、绝缘鞋、线手套、安全帽等穿戴正确	5	（1）不按规定穿着扣5分； （2）穿戴不规范扣2分		
2	工器具使用	正确选择满足施工需要工器具，并做外观检查	5	（1）选用不当扣2～3分； （2）工器具未做外观检查扣1～2分		
3	材料选用	选择材料规格型号要与线路的电压等级及导线型号、杆型相匹配，并做外观检查	10	（1）漏选、错选扣2～5分； （2）未做外观检查扣2～5分		
4	登杆前检查	登杆前，明确线路杆位编号，检查杆根、杆身及埋深，进行现场安全措施设置	10	（1）未检查扣2～6分； （2）安全围栏、标示牌少设置或设置不正确扣2～6分		
5	登杆工具冲击试验	对登杆工具进行冲击试验	5	（1）未做冲击试验扣5分； （2）试冲试拉试验不规范扣2分		
6	登杆	登杆动作规范、熟练，站位合适，安全带系绑正确	10	（1）不熟练、不规范扣2～3分； （2）安全带系绑错误扣3分； （3）站位错误扣1～4分		
7	杆顶支架安装及工艺	顶架型号符合要求，传递规范，安装方位正确，杆顶支架安装固定采用双螺母和垫片，螺栓穿向正确，紧固	10	（1）安装方位不正确扣3分； （2）顶支架歪斜扣2分； （3）螺栓穿向错误扣1～2分； （4）安装不牢固扣3分； （5）未采用垫片、双螺母扣1～4分		
8	横担安装及工艺	传递横担前，应将传递绳捆牢，横担装于电杆的负荷侧，横担距杆顶距离符合要求，横担安装平正（端部上下歪斜和左右扭斜不应大于20mm），U 形抱箍螺钉紧固，螺杆露出螺纹长度匀称	15	（1）横担安装错误扣3分； （2）横担平面安装不正确扣2分； （3）横担不平正扣1～2分； （4）横担方向与线路方向不垂直扣1～2分； （5）U形抱箍安装错误扣1～4分； （6）安装不牢固扣1～4分		

续表

序号	作业名称	质量要求	分值	评分标准	扣分原因	得分
				评分标准		
9	绝缘子安装及工艺	型号符合要求，绝缘子顶槽与线路平行，各绝缘子安装垂直牢固，绝缘子安装采用垫片、双螺母，拭擦绝缘子表面清洁	10	（1）绝缘子安装位置错误扣1～3分； （2）绝缘子顶槽与线路不平行扣1～2分； （3）未采用垫片、双螺母扣1～4分； （4）绝缘子不垂直扣1～3分； （5）安装不牢固扣1～3分； （6）绝缘子未清扫扣1～2分		
10	清理现场	清查杆上遗留物，操作人员下杆，并与地面辅助人员配合清理现场，物品摆放整齐	10	（1）物品摆放杂乱扣2～3分； （2）未清理现场扣2～4分； （3）现场有遗留物扣1～3分		
11	安全文明生产	文明操作，禁止违章作业，要求操作过程熟练、连贯有序，不能出现高空落物，不损坏工器具，不发生安全生产事故	10	（1）有不安全行为扣5分； （2）高处落物扣5分； （3）损坏工器具扣3分； （4）工具使用不当扣2分； （5）发生恶性违章，本项目考核为零分		
考试开始时间			考试结束时间		合计	

六、素质拓展

（1）在杆上进行 10kV 线路直线杆组装时，通常作业时间比较久，因此对体能要求比较高。如果你是作业人员，会采用什么办法节约体力呢？

（2）横担组装应平整，如何控制端部上下歪斜和左右扭斜在一定的范围呢？

项目六

拉线的制作与安装

一、项目目标

掌握并能选择正确的拉线制作与安装所需使用的安全用具、作业工器具和材料，了解楔形线夹和 UT 线夹制作方法，能用楔形线夹和 UT 线夹制作并安装拉线。

二、工器具、材料准备

（1）工器具：电工个人工具、断线钳、木锤、卷尺、紧线器、紧线卡（钢绞线、用）、千斤套、传递绳、登杆工具、安全用具、标示牌、记号笔、油漆刷、吊锤。

（2）材料：GJ-35 钢绞线、NX-1 楔形线夹、NUT-1 线夹、PH-7 延长环、拉线抱箍、防盗螺母、M16 螺栓、14 号镀锌铁丝、16 号镀锌铁丝、丹红漆、笔、纸若干。

三、知识准备

（1）防止钢绞线反弹伤人。断开钢绞线时，一人扶线、一人剪；弯曲钢绞线时，应抓牢，镀锌铁丝盘成小圆盘，边缠绕边放。

（2）防止木锤从手中脱落伤人。使用木锤时脱掉手套；钢绞线主线扛在肩上，线夹置于前方，且对地高度在膝盖上下；木锤敲击线夹时，两腿分开。

（3）防触电伤人。登杆前，作业人员核准线路的双重称号，作业现场与电气设备距离满足安全作业条件，经许可后方可工作。

（4）防倒杆伤人。登杆前，检查杆根、杆身、埋深满足设计或运行要求；临时拉线紧固，防止紧线器夹头和千斤绳滑脱。施工现场装设遮栏，遮栏四周向外悬挂标示牌。

（5）防高空坠落。登杆前，检查登杆工具与安全带确定在试验期限内，外观完好，冲击试验良好。高处作业使用双重保护，安全带、后备保护绳系在牢固的构件上。使用脚扣、转移工作位置或穿越障碍时不得失去一重保护。高处作业不得失去监护人。

（6）防坠物伤人。施工现场装设遮栏，遮栏四周向外悬挂标示牌。现场人员必须戴好安全帽，严禁在作业点正下方逗留或行走。杆上作业要用传递绳索传递工器具、材料，严禁抛掷。

四、项目步骤

（一）施工要求

（1）根据工作任务、现场条件（测量拉棒环露出地面长度）选择工器具、材料。

（2）现场安全设施的设置要求正确、完备。

（3）模型线夹制作拉线，在1名人员配合下进行。

（二）施工步骤

1. 楔形线夹制作拉线

（1）划印。楔形线夹制作拉线时，尾线长度一般为露出楔子出口 300mm±10mm参照《电气装置安装工程66kV及以下架空电力线路施工及验收规范》（GB 50173—

2014)。钢绞线弯曲点一般为尾线长+模子长度，即从钢绞线端部量取 300mm±10mm 弯曲点至出口处长度处划印。

（2）楔形线夹元件拆卸。拆卸楔形线夹连接螺栓、楔子。

（3）弯曲钢绞线。将钢绞线端部从楔形线夹小口穿入；左脚或右脚踩住主线，右手或左手拉住尾线端部，左手或右手控制钢绞线划印处进行弯曲；将钢绞线主线、尾线于尾线出口处制作成喇叭口模样。

（4）楔子安装。钢绞线尾线穿入楔形线夹，并使尾线处在楔形线夹的凸肚方向、主线位于楔形线夹的平面方向，将楔形线夹拉至一定位置后将楔子穿入。

（5）楔子紧固。楔子拉紧凑后，用木锤敲冲线夹使钢绞线、楔子在楔形线夹中吻合，且弯曲处牢固、无缝隙、无散股现象。钢绞线与楔子间紧密，间隙小于 2mm。

（6）尾线绑扎。操作人员与辅助人员对面而立，使用 14 号铁丝固定拉线尾线。绑扎线缠绕方向与钢绞线外层扭线一致。绑扎长度为 30mm±10mm 参照《电气装置安装工程 66kV 及以下架空电力线路施工及验收规范》（GB 50173—2014）扎线紧密排列、平整、不伤线。绑扎线尾线对扭 2～3 个回合，平放在两线（主、尾线）合缝中。绑扎线距尾线端部 30～50mm。尾线固定后，钢绞线主线与尾线平行、美观。楔形线夹连接螺栓、闭口销组装。

（7）防腐处理。楔形线夹尾线绑扎铁丝、尾线裁剪处涂刷丹红漆。

2. 楔形线夹安装

正常情况下，拉线与电杆的夹角 θ 一般为 45°。如受地形限制，可适当减少，但不应小于 30°。同一根杆多根拉线的钢绞线尾线方向在同一侧，如图 6-1（a）所示，或均向上，或均向下。根据拉线抱箍固定位置与拉棒环计算拉线长度 L。在拉棒出土处与电杆基面位于同一水平面时，$L = H / \cos\theta$ （拉棒环露出地面长度为 500～700mm）。拉线抱箍安装在横担下方，且与横担净距不小于 100mm，如图 6-1（b）所示。

（1）登杆前工作。核对杆塔双重称号；施工现场装设遮栏，遮栏四周向外悬挂标示牌检查；杆根、杆身、埋深满足设计或运行要求；登杆工具及安全带冲击试验；经许可后开始登杆。

（2）站位。高处作业人员站位高度、方位及使用脚扣时的双脚位置，符合安全、便利作业要求。

（3）拉线抱箍安装。拉线抱箍安装高度、螺栓穿向符合相关规定要求。

（4）楔形线夹安装。检查、确认拉线抱箍与杆垂直及方向正确、延长环具有活动性后，安装楔形线夹。

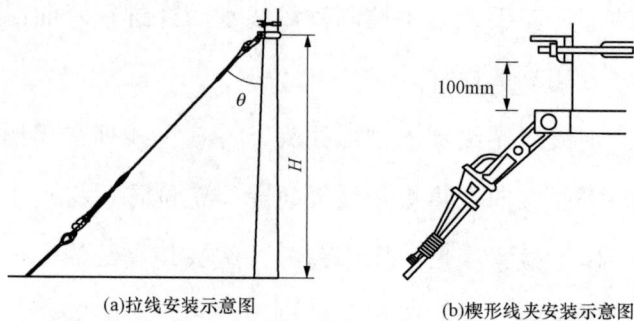

(a)拉线安装示意图　　　　(b)楔形线夹安装示意图

图 6-1　拉线和楔形线夹安装示意图

3. UT 线夹制作拉线

（1）下料。根据制作要求，裁剪一定长度钢绞线。裁剪时，先在裁剪处做好标记，并在距标记两端 30mm 左右处，使用 16 号铁丝绑扎 20mm+10mm 并将尾线收紧。铁丝缠绕方向与钢绞线外层扭向一致。在辅助人员的协助下剪断钢绞线。

（2）划印。NUT 线夹制作拉线时，尾线长度一般为露出楔子出口 400mm+10mm 参照《电气装置安装工程 66kV 及以下架空电力线路施工及验收规范》（GB 50173—2014）。钢绞线弯曲点一般为尾线长+楔子长度，即从钢绞线端部量取 400mm±10mm 弯曲点至出口处长度处划印，一般为丝杆端部距拉棒环有效丝纹 2/3 处。

（3）弯曲钢绞线。将钢绞线端部从 NUT 线夹小口穿入。一手控制弯曲点，一手握着钢绞线尾线，借助电杆固定楔形线夹，顺着紧线器收紧钢绞线方向进行弯曲。将钢绞线主线、尾线于尾线出口处制作成喇叭口模样。

（4）楔子安装。钢绞线尾线穿入 NUT 线夹，并使尾线处在 NUT 线夹的凸肚方向、主线位于 NUT 线夹的平面方向，将 NUT 线夹拉至一定位置后将楔子穿入。

（5）楔子紧固。楔子拉紧凑后，用木锤敲冲线夹使钢绞线、楔子在 NUT 线夹中物合，且弯曲处牢固、无缝隙、无散股现象。钢绞线与楔子间紧密，间隙小于 2mm。

（6）NUT 线夹组装。①确定方向，检查楔形线夹的方向，使钢绞线尾线方向一致；②拆卸工具，调节螺母，拉线受力后取下紧线器；③检查校核，电杆向拉线侧倾斜，并使倾斜角 θ 符合 $1/2\phi<\theta<\phi$ 区间（ϕ 为电杆梢径）即可。1/2 螺杆长度可供调节，楔子与 NUT 线夹螺杆间距一致，并使用双螺母紧固。

（7）余线处理。NUT 线夹尾线长度一般为露出楔子出口 400mm±10mm，参照《电气装置安装工程 66kV 及以下架空电力线路施工及验收规范》（GB 50173—2014）。量取一定长度做标记。防止尾线散股，使用 16 号铁丝固定拉线尾线，绑扎线缠绕方向与钢绞线外层扭线一致。

（8）尾线固定。在辅助人员配合下裁剪余线。用 14 号铁丝固定尾线，将尾线牢固绑扎在主线上。绑扎长度为 50mm±10mm 参照《电气装置安装工程 66kV 及以下架空电力线路施工及验收规范》（GB 50173—2014），绑扎线紧密排列、平整、不伤线。绑扎线尾线对扭 2～3 个回合，平放在两线（主、尾线）合缝中。固定尾线的绑扎线距尾线端部 30～50mm。尾线固定后，钢绞线主线与尾线平行、美观。NUT 线夹制作拉线如图 6-2 所示。

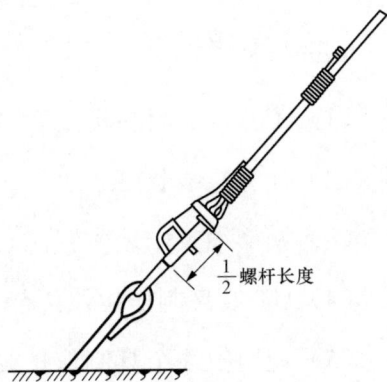

图 6-2　NUT 线夹制作拉线

（9）防腐处理。NUT 线夹尾线绑扎铁丝、尾线裁剪处涂刷丹红漆。

（三）工作终结

清理现场，退场。

五、考核

（一）考核场地

（1）考场可以设在室内或室外，但需要有足够的面积，保证工作人员操作方便、互不影响。

（2）配有一定区域的安全围栏。

（3）按参加考核人员的数量配备钢绞线和拉线金具。

（4）设置评判桌椅、计时秒表、计算器。

（二）考核时间

（1）考核时间为 30min。

（2）选用工器具、设备、材料时间为 5min，时间到停止选用。

（3）许可开工后，记录考核开始时间。

（4）现场清理完毕后，汇报工作终结，记录考核结束时间。

（三）考核要点

（1）工器具、材料选用。

（2）计算拉线长度。

（3）楔形线夹安装位置。

（4）UT 线夹制作拉线工艺。

（5）使用拉线金具制作拉线工艺。

（6）安全文明生产。

（四）评分参考标准

拉线制作与安装评分参考标准

班级		学号		任务执行人	
任务签发人		考核地点		考核时间	30min
试题名称			拉线制作与安装		
考核要点及要求	（1）给定条件：考场设在培训专用配电线路上，拉盘、拉棒已安装，杆上无障碍，在 1 名辅助人员配合下进行； （2）工作环境：现场操作场地及设备材料已完备； （3）现场安全措施已完成，配有一定区域的安全围栏； （4）检查拉线安装工艺； （5）工器具、材料选用； （6）计算拉线长度； （7）楔形线夹安装位置； （8）使用拉线金具制作拉线工艺； （9）安全文明生产				

续表

现场设备、工器具、材料	（1）工器具：电工个人工具、断线钳、木锤、卷尺、紧线器、紧线卡（钢绞线用）、千斤套、传递绳、登杆工具、安全用具、标示牌、记号笔、油漆刷、吊锤； （2）材料：GJ-35 钢绞线、NX-1 楔形线夹、NUT-1 线夹、PH-7 延长环、拉线抱箍、防盗螺母、M16 螺栓、14 号镀锌铁丝、16 号镀锌铁丝、丹红漆、笔、纸若干					
备注						

评分标准

序号	作业名称	质量要求	分值	评分标准	扣分原因	得分
1	着装、穿戴	工作服、绝缘鞋、安全帽等穿戴正确	5	（1）穿戴缺一项扣 3 分； （2）着装不规范扣 2 分		
2	工器具选用	工器具选用满足施工需要，并做外观检查	5	（1）选用不当扣 3 分； （2）未做外观检查扣 2 分		
3	材料选用	选择材料规格型号、数量正确	5	（1）错选、漏选扣 3 分； （2）未做外观检查扣 2 分		
4	钢绞线长度计算及裁线	计算拉线长度 $L=H/\cos\theta$（拉棒环露出地面长度为 600mm），钢绞线剪断处 16 号铁丝绑扎 20mm，绑扎牢固，一人扶线、一人裁剪，无散股	10	（1）未计算或计算错误扣 2 分； （2）裁剪处未绑扎或散股扣 5 分； （3）剪线不规范扣 3 分		
5	楔形线夹制作	（1）300mm±10mm 弯曲点至出口处长度处做标记； （2）套入楔形线夹（小进、大出）； （3）主、尾线喇叭口制作； （4）尾线位于楔形线夹凸肚方向； （5）使用木锤敲击，不损坏锌层； （6）钢绞线与楔子吻合； （7）弯曲处无散股现象； （8）钢绞线与楔子间隙小于 2mm； （9）尾线长度为露出楔子口 300mm±10mm； （10）14 号镀锌铁丝将尾线与主线绑扎，缠绕方向与钢绞线方向一致，绑扎长度为 30mm±10mm，尾线端部 30～50mm 长度不绑扎，绑扎紧密、均称，不伤线，镀锌铁丝收尾规范； （11）绑扎线和尾线端部做防腐处理； （12）元件组装	25	（1）未做标记或位置错误扣 2 分； （2）套入方向错误或返工扣 2 分； （3）未制作喇叭口扣 1 分； （4）尾线方向错误或返工扣 2 分； （5）工具使用不当或损坏锌层扣 2 分； （6）钢绞线、楔子不吻合扣 2 分； （7）弯曲处有散股扣 1 分； （8）钢绞线与楔子间隙大于 2mm 扣 1 分； （9）尾线长度相差 10mm 扣 2 分； （10）绑扎线规格或缠绕方向，或缠绕位置，或缠绕工艺，或收尾不规范扣 2 分； （11）未防腐处理扣 1 分； （12）元件未组装扣 2 分		
6	楔形线夹安装	（1）核对杆塔双重称号； （2）杆根、杆身、埋深检查及登杆工具、安全带检查试验； （3）工位合适，正确使用安全带； （4）拉线抱箍安装位置（与横担净距 100mm）、螺栓穿向（顺线路方向自电源方向穿入，横线路方向面向大号侧从左穿入）规范、正确； （5）楔形线夹螺栓、闭口销（从上向下穿）穿向正确	15	（1）未核对双重称号扣 2 分； （2）电杆或登杆工具未检查、未做冲击试验扣 2 分； （3）工位或安全带使用错误扣 3 分； （4）安装位置或螺栓穿向错误扣 2 分； （5）楔形线夹缺件或闭口销方向错误扣 1 分		

		评分标准				
序号	作业名称	质量要求	分值	评分标准	扣分原因	得分
7	UT 线夹制作与安装	（1）紧线器收紧钢绞线； （2）套入楔形线夹（小进、大出）； （3）尾线距丝杆2/3处做标记； （4）弯曲处无散股现象； （5）主、尾线喇叭口制作； （6）尾线位于楔形线夹凸肚方向； （7）使用木锤敲击，不损坏锌层； （8）钢绞线与楔子吻合； （9）钢绞线与楔子间隙小于2mm； （10）尾线方向与楔形线夹一致； （11）拉线受力后取紧线器； （12）调节、观测电杆垂直度[拉线方向倾斜角为 θ ，$1/2\phi < \theta < \phi$ 区间（ϕ 为电杆梢径）]； （13）尾线长度一般为露出楔子出口 400mm±10mm； （14）14 号镀锌铁丝将尾线与主线绑扎，缠绕方向与钢绞线方向一致，绑扎长度为 50mm±10mm，距线端部 30～50mm 长度不绑扎，绑扎紧密、均称，不伤线，镀锌铁丝收尾规范，楔子两边间隙一致且双螺母拧紧； （15）绑扎线和尾线端部防腐处理	25	（1）未使用或不会使用紧线器扣2分； （2）套入方向错误或返工扣2分； （3）未标记或位置错误扣2分； （4）弯曲处无散股扣1分； （5）未制作喇叭口扣1分； （6）尾线方向错误或返工扣2分； （7）工具使用不当或损坏锌层扣2分； （8）钢绞线、楔子不吻合扣1分； （9）钢绞线与楔子间隙大于2mm扣1分； （10）未检查或尾线方向错误扣1分； （11）紧线器自取或自坠扣2分； （12）未观察或倾斜度、方向错误扣2分； （13）尾线长度相差10mm扣2分； （14）绑扎线规格或缠绕方向，或缠绕位置，或缠绕工艺，或收尾不规范，或楔子两边间隙不一致，或缺螺母，或未拧紧扣2分； （15）未做防腐处理扣1分； （16）元件未组装扣1分		
8	安全文明生产	（1）爱惜工器具； （2）清理、还原工器具，摆放整齐； （3）清理场地	10	（1）清理不彻底扣3分； （2）未清洁处理扣3分； （3）工器具未清理或摆放不整齐扣4分； （4）发生恶性违章，本项目考核为零分		
考试开始时间			考试结束时间		合计	

六、素质拓展

（1）登杆前，作业人员需要检查哪些事项？

（2）在对楔子进行紧固时，要求钢绞线与楔子间紧密，间隙小于多少毫米？

（3）在进行尾线绑扎时，绑扎长度的范围是多少？

项目七

台架跌落式熔断器的更换

一、项目目标

掌握并能选择正确的跌落式熔断器更换所需使用的安全用具、作业工器具和材料，能按照作业任务要求正确开展作业现场准备工作，能遵循安全操作规程，正确规范地完成登杆更换台架跌落式熔断器/避雷器操作任务，并在结束操作任务后完成作业现场清扫与整理。

二、工器具与设备、材料准备

（1）工器具与设备：电工个人工具、金属清洗剂、砂纸（锉）、压接钳、断线钳、清洁布、卷尺、登杆工具、梯子、安全用具、标示牌、避雷器、绝缘罩、传递绳等。

（2）材料：氧化锌避雷器、各种规格连线、设备线夹（线鼻）、平垫片、弹簧片、螺母、金属清洗剂、导电膏等。

三、知识准备

（一）安全要求

（1）防触电伤人。登杆前，作业人员应核准线路的双重称号后，方可工作。注意临近电源的安全距离。

（2）防倒杆伤人。登杆前，检查杆根、杆身、埋深是否达到要求，拉线是否紧固。行人道口、人员密集区设置安全围栏、标示牌。

（3）防高空坠落。登杆前，要检查登杆工具是否在试验期限内，对脚扣和安全带做冲击试验。高空作业中，安全带应系在牢固的构件上，并系好后备保护绳，确保双重保护。转向移位穿越时，不得失去一重保护。作业时，不得失去监护人。

（4）防坠物伤人。作业现场人员必须戴好安全帽，严禁在作业点正下方逗留。杆上作业，要用传递绳索传递工具、材料，严禁抛掷。

（二）施工准备工作

（1）规范着装。

（2）选择工器具。

（3）选择材料。

（4）检测避雷器的质量。

四、项目步骤

（一）工作过程

（1）登杆前检查。

（2）登杆工具冲击试验。

（3）登杆、工作位置确定。

（4）拆除旧避雷器。

（5）安装新避雷器。安装牢固，排列整齐，不得左右转动，相间水平距离不应小于500mm熔管轴线与地面垂线的垂线夹角为15°～30°；分、合操作应灵活、可靠，接触紧密。

（6）引下线安装。上、下引线与跌落式断路器的连接应牢固，接触应良好。与线路导线的连接紧密可靠。各接触点应涂抹导电膏。

（二）工作终结

（1）操作人员下杆。

（2）清理现场，退场。

（三）工艺要求

跌落式熔断器安装示意图如图 7-1 所示。

（1）用 2500V 绝缘电阻表测量绝缘电阻大于或等于 1000MΩ。

（2）电气距离符合规定，安装高度整齐一致，相间距离大于或等于 350mm。

（3）避雷器倾斜度不得大于避雷器总高度的 1.5%。

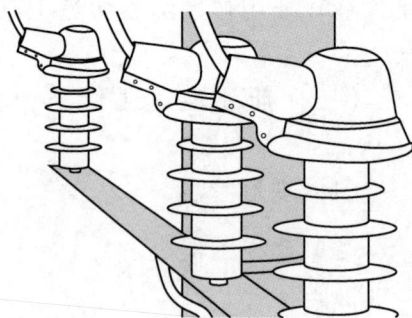

图 7-1　跌落式熔断器安装示意图

（4）引线连接紧密，采用绝缘线时，引上线铜线截面面积大于或等于 16mm^2，铝线截面面积大于或等于 25mm^2，引下线铜线截面面积大于或等于 25mm^2，铝线截面面积大于或等于 35mm^2。

（5）清除接线板搭接表面氧化物并涂导电膏，且接线正确、牢固，安装美观，螺栓处附加平垫片、弹簧片拧紧。

（6）引下线接地可靠，接地电阻值小于或等于 40Ω。

五、考核

（一）考核场地

（1）考场可以设在培训专用 10kV 线路安有避雷器的地方。避雷器支架、避雷器、高压线及接地引线均已安装就位。

（2）给定线路上安全措施已完成，配有一定区域的安全围栏。

（3）设置评判桌椅和计时秒表。

（二）考核时间

考核时间为 30min。

（三）考核要点

（1）要求一人操作、一人监护。考生就位，经许可后开始工作，规范穿戴工作服、绝缘鞋、安全帽、手套等。

（2）工器具选用电工个人工具，2500V 绝缘电阻表、砂纸（锉）、压接钳、断线钳等，登杆工具、安全用具、标示牌、传递绳。

（3）材料选用时，必须核对设备上避雷器的型号规格，选用相同的避雷器、各种规格连线、设备线夹、螺栓等。

（4）对避雷器进行外部检查，表面干净，无裂缝、烧伤痕迹，胶合及密封良好，接线螺栓无锈蚀，用 2500V 绝缘电阻表测量绝缘电阻（应在 1000MΩ 以上）。

（5）登杆前，明确对线路名称、杆位编号、杆根、杆身及埋深的检查，并悬挂标示牌。

（6）对登杆工具脚扣（或踩板、梯子），安全带进行冲击试验。

（7）登杆动作规范、熟练，站位合适，安全带系绑正确。

（8）拆除旧避雷器，并将避雷器传至地面。

（9）避雷器安装方法及工具使用正确，操作熟练，传递规范，电气距离符合规定（相间距离整齐一致，垂直安装相间距离大于或等于 350mm），避雷器与支架、避雷器与引线连接牢固。

（10）三只避雷器的接地引线相互连接后再接地，且接线正确、牢固，引线安装美观，螺栓处附加平垫片、弹簧片拧紧。接线时，先清除接线板搭接表面氧化物并涂导电膏。

（11）清查杆上遗留物，操作人员下杆，并与地面辅助人员配合清理现场。

（12）安全文明生产，按规定时间完成，时间到后停止操作。节约时间不加分，超时停止操作。按所完成的内容计分，未完成部分均不得分，要求操作过程熟练、连贯,施工安全有序,工器具、材料存放整齐,现场清理干净。

(13)避雷器更换需办理的相关手续(现场勘察记录、停电申请、电力线路第一种工作票、危险点分析控制卡)和其他应采取的安全措施(检修前办理许可手续、验电、挂接地线、悬挂标示牌和装设围栏、班前会,工作结束后撤除地线、班后会、办理终结手续),适当时可以通过口述作为附加内容。

(四)评分参考标准

登杆更换台架跌落式熔断器/避雷器(单相)评分参考标准

班级		学号		任务执行人	
任务签发人		考核地点		考核时间	30min
试题名称	登杆更换台架跌落式熔断器/避雷器(单相)				
考核要点及要求	(1)给定条件:考场可以设在培训专用10kV线路安有避雷器的地方,避雷器支架、避雷器、高压线及接地引线均已安装就位; (2)工作环境:现场操作场地及设备材料已完备; (3)给定线路上安全措施已完成,配有一定区域的安全围栏; (4)检查设备安装工艺				
现场设备、工器具、材料	(1)工器具:电工个人工具、2500V绝缘电阻表、砂纸(锉)、压线钳、断线钳、清洁布、卷尺、登杆工具、安全用具、标示牌、传递绳等考核人员每人1套,计时秒表; (2)基本材料:氧化锌避雷器、各种规格连线、设备线夹(线鼻)、螺栓、金属清洗剂、导电膏等,提供各种规格材料供考核人员选择; (3)考生自备工作服、绝缘鞋				
评分标准					

序号	作业名称	质量要求	分值	评分标准	扣分原因	得分
1	作业现场准备	(1)口述作业现场准备工作(人员身体状况、与调度联系、召开站班会、人员分工等); (2)口述分析危险点及对应的安全措施; (3)核对线路及作业点,选择及检查工器具和材料;进行现场安全措施设置(设置安全围栏、标示牌或路障等)	12	(1)漏项或者表述错误扣1~3分; (2)未核对线路及作业点扣1~2分; (3)工器具和材料每漏选、错选、漏检查一个扣1分; (4)安全围栏、标示牌或路障漏设或设置不正确,每处扣1分		
2	登杆前准备	(1)检查杆根、拉线并确认牢固完好,适合登杆; (2)正确穿戴安全防护装备(安全帽、安全带、保护绳、绝缘手套、绝缘鞋、含必要工具的工具包、脚扣等); (3)试登杆进行脚扣冲击试验,核查脚扣的可靠性;正确登杆至适当的作业位置	15	(1)未检查杆根、拉线,或检查方法不正确扣2~6分; (2)漏穿戴或穿戴方法不正确,扣1~4分; (3)未进行冲击试验,扣2分,检查脚扣方法不正确扣2~5分; (4)登杆方法不正确或不熟练扣1~3分; (5)登杆作业位置选择不正确扣2分		

序号	作业名称	质量要求	分值	评分标准	扣分原因	得分
				评分标准		
3	登杆与安全技术管理	（1）正确登杆至适当的作业位置； （2）正确安装绝缘传递绳； （3）正确进行验电与挂接地线	15	（1）登杆方法不正确或不熟练扣1～3分，登杆作业位置选择不正确扣2分； （2）绝缘传递绳安装位置选择不正确扣2分，安装方法不正确扣1分； （3）验电方法不正确扣1～2分，挂接地线方法不正确扣1～5分		
4	更换台架跌落式熔断器/避雷器（单相）	用正确的方法更换台架跌落式熔断器/避雷器（单相），工器具选择和使用方法正确，安装顺序、工艺符合要求	33	（1）更换跌落式熔断器避雷器（单相）操作步骤有漏项或顺序错误的每处扣2分； （2）使用传递绳传递物品时，方法错误扣2分，出现物品掉落视情况每次扣2～3分； （3）作业过程中，工器具选择或使用方法不正确，每处扣1分； （4）更换跌落式熔断器/避雷器（单相）施工结果，每错误一处扣1～2分，安装工艺不合格，每处扣1分		
5	下杆、作业现场清理与收尾	（1）正确拆除接地引线，清理杆上作业现场，能正确下杆； （2）清点、检查、整理工器具和材料； （3）口述作业后现场收尾工作（质量检查验收、召开收工会、履行工作终结手续、资料整理归档等）	15	（1）拆除接地引线方法不正确扣1～3分，杆上作业现场不清理或清理不完全扣1～3分； （2）下杆方法不正确或不熟练，扣1～3分； （3）清点、检查、整理每漏一项扣1分，方法不正确视情况扣1～3分； （4）口述作业后现场收尾工作缺项或者叙述不正确扣1～2分		
6	安全文明生产	无违反安规行为	10	（1）作业过程有违反安规的行为一次扣5分，作业过程中有物品脱手掉落视物品大小一次扣3～5分； （2）考生考试每超时1min扣1分，超时满5min考评员应终止考生考试		
7	下杆、清理现场	清查杆上遗留物，操作人员下杆，并与地面辅助人员配合清理现场	10	（1）物品摆放杂乱扣2～3分； （2）未清理现场扣2～4分； （3）现场有遗留物扣1～3分		
8	否定项	否定项说明：若有符合扣分标准的，扣除该题分数		（1）安全措施设置存在重大错、漏，或违反安全操作要求，会直接导致人身危害，将终止该项目考试； （2）无法完成项目作业		
考试开始时间			考试结束时间		合计	

六、素质拓展

（1）在电力生产中，需要在电杆上完成跌落式熔断器更换，在杆上拆除旧跌落式熔断器后，可以通过什么绳结将旧跌落式熔断器传至地面呢？

（2）检查跌落式熔断器的质量时，需要测量其绝缘电阻，如何用绝缘电阻表进行正确测量避雷器的绝缘电阻？

项目八

配电台架变压器高压引线的安装

一、项目目标

能按照作业任务要求正确开展作业现场准备工作，能遵循安全操作规程，能正确规范地登杆并完成配电台架变压器高压引线的安装操作，并在结束操作任务后完成作业现场清扫与整理。

二、工器具、材料、设备准备

（1）工器具：脚扣或登高板等登杆工具，安全帽、安全带、手套、电工个人工具、2500V绝缘电阻表、砂纸（锉）、压接钳、断线钳、安全用具、标示牌、传递绳等。

（2）材料：高压引线、各种规格连线、设备线夹（线鼻）、螺栓、金属清洗剂、导电膏等。

（3）设备：变压器、高压断路器（或丝具）、避雷器、低压断路器或隔离开关。

三、知识准备

（一）防高空坠落

（1）作业人员登杆前，检查登杆工具是否质量合格、安全可靠、数量满足需要，确认无误后方可登杆。

（2）作业人员登杆时，做到"脚踩稳、手扒牢、一步一步慢登高，到达位置第一要，安全带要系牢靠"。

（3）安全带应系在牢固可靠的构件上，如转换工作位置时，应重新系好安全带。

（二）防电杆倾倒伤人

作业人员登杆前，观测估算电杆埋深，确认稳固后方可登杆作业。

（三）防高空坠物伤人

（1）地勤人员尽量避免停留在杆下。

（2）地勤人员戴好安全帽。

（3）工具、材料用绳索传递，尽量避免高空坠物。

（4）操作跌落丝具时，操作人员应选好操作位置，防止丝具管跌落伤人。

（四）防变压器坠落或倾倒伤人

起吊变压器时，要检查确认起重器具（横梁、钢丝套、倒链等）安全可靠。

四、项目步骤

（一）安装步骤

（1）作业人员同时登上两根支架杆，先安装变压器支架（距地面高度不小于2.5m），后安装横担和绝缘子，再起吊安装横梁。

（2）杆上作业人员在将要安装横梁位置以上挂好滑轮，将绳索穿过滑轮，一头绑在横梁上，另一头由地勤人员掌握在手中，将横梁提升至预定位置，杆上作业人员将横梁固定在杆上，做到牢固可靠、万无一失。

（3）作业人员用滑轮将倒链提升至横梁，再用钢丝绳套将倒链悬挂在横梁中央后，即下至变压器台架上，松下倒链挂钩。地勤人员将变压器移至台架下，将倒链挂钩挂在变压器钢丝绳套上。地勤人员在变压器两侧拴上控制绳，将变压器钢丝绳套扶在理想位置后（注意：防止钢丝绳套滑动偏移、防止钢丝绳套压坏变压器套管），由指挥人员指挥起吊，地勤人员拉住控制绳，保持变压器离开台架缓慢上升就位（如倒链行程所限，不能一次到位时，应加长钢丝绳套分多次完成起吊）。

（4）台架上作业人员将变压器固定在台架上后，即可拆除起吊器具、横梁和控制绳，待横梁拆除后，杆上人员安装高压丝具、避雷器、低压开关（隔离开关）。台架上人员做变压器高低压引线，连接中性线、外壳接地线，杆上作业人员做丝具、避雷器、低压开关引线并扎线、地勤人员连接接地引下线并绑扎牢固。

（5）待变压器稳定后，用2500V绝缘电阻表测量变压器绝缘电阻，再用接地绝缘电阻表测试接地电阻，两项测试合格后，等待供电。

（二）下杆、作业现场清理与收尾

（1）施工作业结束后，工作负责人依据施工验收规范对施工工艺、质量进行自查验收，合格后，命令作业人员撤离现场。

（2）通知运行单位进行验收。

（3）根据《施工验收规范》召开班后会，工作结束后，工作负责人组织全体施工人员召开班后会，总结工作经验和存在的问题，制定改进措施，清理剩余材料、办理退库手续，整理保养工器具。

（4）资料归档：整理完善施工记录资料，归档妥善保管。

五、考核

（一）考核场地

（1）考场可以设在培训专用配电台架变压器的地方。变压器支架、避雷器支架、横担及中相丝具横担、铁担包箍、高压线及接地引线均已安装就位。

（2）给定线路上安全措施已完成，配有一定区域的安全围栏。

（3）设置评判桌椅和计时秒表。

（二）考核时间

考核时间为50min。

（三）考核要点

（1）要求一人操作、一人监护。考生就位，经许可后开始工作，规范穿戴工作服、绝缘鞋、安全帽、手套等。

（2）工器具选用，电工个人工具，2500V绝缘电阻表、砂纸（锉）、压接钳、断线钳等，登杆工具、安全用具、标示牌、传递绳。

（3）材料选用时必须核对设备上高压引线的型号规格，选用合适的高压引线、各种规格连线、设备线夹、螺栓等。

（4）检查台架杆根并确认牢固完好，适合台架上作业。

（5）登杆前，明确线路名称、杆位编号、杆根、杆身及埋深的检查，并悬挂标示牌。

（6）对登杆工具脚扣（或踩板、梯子）与安全带进行冲击试验。

（7）登杆动作规范、熟练，站位合适，安全带系绑正确。

（8）正确进行验电与挂接地线。

（9）运用正确的方法安装配电台架变压器高压引线，工器具选择和使用方法正确，安装顺序、工艺符合要求。

（10）正确拆除接地线。

（11）清查杆上遗留物，操作人员下杆，并与地面辅助人员配合清理现场。

（12）安全文明生产，规定时间完成，时间到后停止操作。节约时间，不加分；超时，停止操作。按所完成的内容计分，未完成部分均不得分，要求操作过程熟练、连贯、施工安全、有序，工器具、材料存放整齐，现场清理干净。

（13）登杆安装配电台架变压器高压引线需办理的相关手续（现场勘察记录、停电申请、电力线路第一种工作票、危险点分析控制卡）和其他应采取的安全措施（检修前办理许可手续、验电、挂接地线、悬挂标示牌和装设围栏、班前会，工作结束后，撤除地线、班后会、办理终结手续），适当时，可通过口述作为附加内容。

（四）评分参考标准

登杆安装配电台架变压器高压引线评分参考标准

班级		学号		任务执行人	
任务签发人		考核地点		考核时间	50min
试题名称		登杆安装配电台架变压器高压引线			
考核要点及要求		（1）给定条件：考场可以设在培训专用配电台架变压器的地方。避变压器支架、避雷器支架、横担及中相丝具横担、铁担包箍、高压线及接地引线均已安装就位； （2）工作环境：现场操作场地及设备材料已完备； （3）给定线路上安全措施已完成，配有一定区域的安全围栏； （4）检查设备安装工艺			
现场设备、工器具、材料		（1）工器具：电工个人工具、2500V绝缘电阻表、砂纸（锉）、压接钳、断线钳等，登杆工具、安全用具、标示牌、传递绳； （2）基本材料：高压引线、各种规格连线、设备线夹（线鼻）、螺栓、金属清洗剂、导电膏等，提供各种规格材料供考核人员选择； （3）考生自备工作服、绝缘鞋			

			评分标准			
序号	作业名称	质量要求	分值	评分标准	扣分原因	得分
1	着装、穿戴	工作服、工作鞋、安全帽等穿戴正确	5	（1）未穿戴扣3～5分； （2）穿戴不规范扣2分		
2	作业现场准备	（1）口述作业现场准备工作（人员身体状况、与调度联系、召开站班会、人员分工等）； （2）口述分析危险点及对应的安全措施；核对线路及作业点，选择及检查工器具和材料； （3）进行现场安全措施设置	7	（1）漏项扣1～4分； （2）每漏一处或表述错误一项扣1分； （3）未核对线路及作业点扣1分，工器具和材料每漏选、错选、漏检查一个扣1分； （4）漏设或设置不正确扣1～3分		

		评分标准				
序号	作业名称	质量要求	分值	评分标准	扣分原因	得分
3	攀登台架前准备	（1）检查台架杆根并确认牢固完好，适合台架上作业； （2）正确穿戴安全防护装备； （3）使用脚扣登杆； （4）试登杆进行脚扣冲击试验，核查脚扣的可靠性	15	（1）漏检查杆根每处扣1分，检查方法不正确每处扣1分； （2）漏穿戴或穿戴方法不正确，每处扣1分； （3）漏进行冲击试验，扣2分，检查方法不正确扣2分		
4	登杆与安全技术措施	（1）使用脚扣正确登杆至适当的作业位置； （2）正确安装绝缘传递绳； （3）正确进行验电与挂接地线	15	（1）登杆方法不正确或不熟练，登杆作业位置选择不正确，扣1～3分； （2）绝缘传递绳安装位置选择不正确扣2分，安装方法不正确扣1分； （3）验电方法不正确扣1～2分，挂接地线方法不正确扣1～5分		
5	安装配电台架变压器高压引线	运用正确的方法安装配电台架变压器高压引线，工器具选择和使用方法正确，安装顺序、工艺符合要求	33	（1）安装配电台架变压器高压引线操作步骤有漏项或顺序错误的，每处扣1～2分； （2）出现物品掉落视情况每次扣2～3分； （3）作业过程中工器具选择或使用方法不正确，每处扣1分； （4）安装配电台架变压器高压引线施工结果，每错误一处扣1～2分，安装工艺不合格，每处扣1分		
6	下杆、作业现场清理与收尾	（1）正确拆除接地线，清理杆上作业现场； （2）正确下杆； （3）清点、检查、整理工器具和材料； （4）口述作业后现场收尾工作	15	（1）拆除接地线方法不正确扣1～3分； （2）杆上作业现场不清理或清理不完全扣1～3分； （3）下杆方法不正确或不熟练扣1～3分； （4）清点、检查、整理每漏一项扣1分		
7	安全文明生产	文明操作，禁止违章操作，不损坏工器具，不发生安全生产事故	10	（1）高处落物扣5分； （2）损坏元件、工器具扣3分； （3）发生恶性违章，本项目考核为零分		
8	否定项	否定项说明：若有符合扣分标准的，扣除该题分数		（1）安全措施设置存在重大错漏，或违反安全操作要求，会直接导致人身危害，将终止该项目考试； （2）无法完成项目作业		
考试开始时间			考试结束时间		合计	

六、素质拓展

（1）在登杆安装配电台架变压器高压引线中，可以采取哪些措施如何防高空坠落和高处坠落伤人？

（2）登杆安装配电台架变压器高压引线工作时间较久，因此在工作中可以选择用脚扣或者绝缘梯两种方式进行登杆作业，试着比较两种方法的优缺点。

项目九

绝缘斗臂车绝缘斗的移动操作

一、项目目标

熟悉使用绝缘斗臂车开展作业的要求，掌握登斗开展作业前的准备工作，能正确操作绝缘斗移动至指定作业位置，掌握下斗及整理工作，并掌握在斗臂车转台处操作绝缘斗臂移动及紧急停止移动的操作方法。

二、工器具与设备、材料准备

（1）工器具与设备：围栏、标示牌、护目镜、电工个人工具、安全用具、安全带、后备保护绳。

（2）材料：绝缘服、绝缘毯、绝缘披肩、绝缘鞋、绝缘手套、羊皮手套、绝缘安全帽。

三、知识准备

（一）对作业环境、天气的要求

（1）风速不超过 10.8m/s。

（2）环境温度为−25～+40℃。

（3）相对湿度不超过90%。

（4）对海拔1000m及以上地区要求。

（二）绝缘斗臂车状态检查

（1）作业斗在额定载荷下起升时，应能在任意位置可靠制动，制动后15min作业斗下沉量不应超过该工况作业斗高度的3‰（不包括温度的影响）。

（2）斗臂车各种机构应保证作业起升、下降时动作平稳、正确、无爬行、振颤、冲击及驱动功率异常增大等现象，微动性能良好。

（3）作业斗的起升、下降速度不应大于0.5m/s。

（4）斗臂车回转机构应能进行正反两个方向回转或360°全回转。回转时，作业斗外缘的线速度不应大于0.5m/s。

（5）回转机构做回转运动时，起动、回转、制动应平稳、正确，无抖动、晃动现象，微动性能良好。

（6）斗臂车在行驶状态下，应确保各支腿可靠地固定在规定位置，支腿应配合间隙和液压元件内泄漏等引起的最大位移量：蛙式支腿不应大于10mm；H腿或Y腿不应大于3mm。

（7）斗臂车在行驶状态时，回转部分不应产生相对运动。斗臂车各节臂架（伸缩臂式）在组装后，应具有适量的上挠度，其上部间隙平均值不应大于3mm，侧向单面最大间隙不应大于2.5mm。

（8）斗臂车各节臂架的刚度要求：额定载荷时，臂架的上挠度变化量不应大于该臂架长度的2%。

（9）斗臂车液压系统应装有防止过负荷和液压冲击的安全装置。安全溢流阀的调整压力，不应大于系统额定工作压力的1.1倍。

（三）绝缘斗臂车停放选点原则

在选择作业位置时，首先，应该选择平整的地方，斗臂车的停放要尽量选择水平而坚固的地方，并且尽量靠近作业对象，地面不平整或者地面接触不坚固很容易造成车辆的侧翻。其次，在车辆停放好之后，必须要挂好手刹车，垫好车轮的三角垫块，保证车辆的稳定。最后，在作业区域要设置好绕道等标志，防止行人、过往车辆进入施工现场，妨碍作业的顺利进行。

四、项目步骤

（一）正确穿戴防护用具

作业人员穿戴绝缘防护用具，以绝缘斗臂车的绝缘臂或绝缘梯等绝缘平台为主绝缘，以绝缘罩、绝缘毯、绝缘靴、绝缘服等绝缘遮蔽措施为辅助绝缘。

（二）选择必要的作业工器具

（三）操作绝缘斗移动的安全注意事项（口述）

（1）绝缘作业斗的电气绝缘性能应符合规定要求。

（2）绝缘作业斗的表面平整、光洁，无凹坑、麻面现象，憎水性强。

（3）绝缘作业斗的高度宜在 0.9～1.2m。

（4）绝缘作业斗上应醒目注明作业斗的额定载荷量。

（四）绝缘斗移动操作（斗内操作）

（1）正确登斗。斗内工作人员要佩戴安全带，将安全带的钩子挂在安全绳索的挂钩上。不将可能损伤作业斗、作业斗内衬的器材堆放在作业斗内，当绝缘作业斗出现裂纹、伤痕等，会使其绝缘性能降低。作业斗内请勿装高于作业斗的金属物品，作业斗中金属部分接触到带电导线时，有触电的危险，任何人不得进入工作臂及其重物的下方，火源及化学物品不得接近作业斗。

（2）按要求操作绝缘斗移动至指定的 3 个不同工作位置，绝缘斗移动应缓慢、平稳。操作项目包括：

1）下臂升降操作。下臂操作（或升降操作）折叠臂式绝缘斗臂车，将下臂操作杆扳至"升"，使下臂油缸伸出，下臂升；将下臂操作杆扳至"降"，使下臂油缸缩进，下臂降。直伸臂式绝缘斗臂车，选择"升降"操作杆，扳至"升"，升降油缸伸出，工作臂伸长；扳至"缩"，伸缩油缸缩回，工作臂降落。

2）回转操作。将回转操作杆按标牌箭头方向扳，转台左回转或右回转。

3）上臂伸缩操作。上臂操作（或伸缩操作）。

折叠臂式绝缘斗臂车，将上臂操作杆扳至"升"，使上臂油缸伸出，上臂升；将上臂操作杆扳至"降"，上臂油缸缩进，上臂降。直伸臂式绝缘斗臂车，选择"伸缩"操作杆，扳至"伸"，伸缩油缸伸出，工作臂伸长；扳至"缩"，伸缩油缸缩回，工作臂缩短。

（五）下斗及整理工作

（1）正确下斗。

（2）防护用具卸除及整理摆放妥当。

（六）转台处操作绝缘斗移动（口述）

（1）绝缘斗臂车转台处操作绝缘斗臂移动的方法。

（2）紧急停止绝缘斗臂车斗臂移动的操作方法。

1）紧急停止操作。使用紧急停止操作杆进行紧急停止操作。接通紧急停止操作杆时，上部及下部操作的全部动作均停止，上述操作主要在以下情况时进行：

a. 地面上的人员判断继续由上部进行操作会出现危险的情况。

b. 操作控制出现失控的情况。

2）应急泵的操作。该操作用应急泵开关来进行。绝缘斗臂车因发动机或泵出现故障，使操作无法进行时，可启动应急泵，使作业斗上的作业人员安全降到地面。只有在应急开关"接通"时，应急泵工作：应急泵一次动作时间在 30s 内，到下一次启动，必须要间隔 30s 才可以进行。为了防止损坏应急泵，应急泵不要用于常规作业，也不要在不符合要求的状态下进行操作，操作前需确认取力器和发动机钥匙开关拨至"ON"位置。

五、考核

（一）考核场地

（1）考场可以设在培训专用的室外 10kV 线路附近。需要有足够的面积，保证选手操作方便、互不影响。

（2）配有一定区域的安全围栏。

（3）设置评判桌椅和计时秒表。

（二）考核时间

考核时间为 30min。

（三）考核要点

（1）要求一人操作、一人监护。考生就位，经许可后开始工作，规范穿戴工作服、绝缘鞋、安全帽、手套等防护用具。

（2）工器具选用满足施工需要，工器具作外观检查。

（3）正确选择作业现场绝缘斗臂车停放选点，作业前对绝缘斗臂车状态进行检查。

（4）正确登斗，登斗动作、斗内站位正确，斗内工器具摆放位置正确。

（5）下臂升降操作、回转操作、上臂伸缩操作和绝缘斗摆动操作的移动平稳性、流畅性良好，移动路径选择合理。

（6）正确下斗，下斗方法正确，动作正确，下斗前整理恢复斗内状态。

（7）正确卸除及整理防护用具，并摆放妥当。

（8）考生考试每超时 1min 扣 1 分，超时满 5min 考评员应终止考生考试。

（四）评分参考标准

绝缘斗臂车绝缘斗移动操作评分参考标准

班级		学号		任务执行人	
任务签发人		考核地点		考核时间	50min
试题名称		绝缘斗臂车绝缘斗移动操作			
考核要点及要求	（1）给定条件：考场设置在平整、坚固的地方。绝缘斗臂车已就位停放好，并尽量靠近作业对象； （2）工作环境：风速、环境温度、相对湿度、海拔均满足要求； （3）给定线路上安全措施已完成，配有一定区域的安全围栏； （4）检查设备安装工艺				
现场设备、工器具、材料	（1）工器具：电工个人工具、安全用具、标示牌、安全带、后备保护绳； （2）基本材料：绝缘服、绝缘毯、绝缘披肩、绝缘鞋、绝缘手套、羊皮手套、绝缘安全帽，提供各种规格材料供考核人员选择； （3）考生自备工作服、绝缘鞋				
评分标准					

序号	作业名称	质量要求	分值	扣分标准	扣分原因	得分
1	着装、穿戴	工作服、工作鞋、安全帽等穿戴正确	5	（1）未穿戴扣3～5分； （2）穿戴不规范扣2分		
2	使用绝缘斗臂车开展作业的要求（口述）	（1）绝缘斗臂车对作业环境、天气的要求； （2）作业前，对绝缘斗臂车状态进行检查的项目及其内容； （3）作业现场绝缘斗臂车停放选点原则	10	（1）错误或漏项扣1～3分； （2）漏项或表述错误一项扣1～3分		
3	登斗前的准备工作	（1）正确穿戴防护用具； （2）选择必要的作业工器具（口述）； （3）操作绝缘斗移动的安全注意事项（口述）	20	（1）穿戴不正确或者漏穿戴扣1～3分； （2）口述不正确或叙述不全面一处扣1～3分		
4	绝缘斗移动操作（斗内操作）	正确登斗，按要求操作绝缘斗移动至指定的3个不同工作位置，下臂升降操作、回转操作、上臂伸缩操作和绝缘斗摆动操作平稳、流畅	45	（1）登斗动作、斗内站位不正确或不合理，扣1～5分； （2）根据斗臂车操作的平稳性、流畅性不够扣1～5分； （3）斗臂车移动路径选择不合理扣1～5分		
5	下斗及整理工作	正确下斗，防护用具卸除及整理摆放妥当	10	（1）下斗方法、动作不正确一处扣1～5分； （2）下斗前不整理恢复斗内状态扣1～5分； （3）防护用具卸除方法不正确或者未整理扣1～3分		
6	转台处操作绝缘斗移动（口述）	（1）对照实物口述绝缘斗臂车转台处操作绝缘斗臂移动的方法； （2）紧急停止绝缘斗臂车斗臂移动的操作方法	10	口述方法不正确扣1～5分		

续表

评分标准						
序号	作业名称	质量要求	分值	扣分标准	扣分原因	得分
7	否定项	否定项说明： 若有符合扣分标准的，扣除该题分数		（1）安全措施设置存在重大错漏，或违反安全操作要求，会直接导致人身危害，将终止该项目考试； （2）无法完成项目作业		
考试开始时间			考试结束时间		合计	

六、素质拓展

（1）在实际电力生产中，进入绝缘斗臂车穿戴的防护用具要比登杆作业时防护用具多很多，试分析可能的原因。

（2）试分析，有哪些情况可能会用到紧急停止绝缘斗臂车斗臂移动？

参 考 文 献

[1] 国网湖北省电力公司. 电网企业生产岗位技能操作规范农网配电营业工（第二版）[M]. 北京: 中国

电力出版社, 2016.

[2] 杨力. 架空输配电线路检修[M]. 北京: 水利水电出版社, 2011.

[3] 陈长金. 高压架空输电线路运行与检修[M]. 北京: 中国电力出版社, 2021.

[4] 高俊岭, 王云龙, 等. 配网不停电作业项目指导与风险管控[M]. 北京: 中国电力出版社, 2023.

[5] 国网宁夏电力有限公司中卫供电公司. 配网不停电作业绝缘斗臂车安全操作技能[M]. 北京: 中国电

力出版社, 2022.